建筑施工特种作业人员安全技术培训教材

塔式起重机安装拆卸工

建筑施工特种作业人员
安全技术培训教材编审委员会　组织编写
江苏省建筑行业协会建筑安全设备管理分会　主编

中国建筑工业出版社

图书在版编目（CIP）数据

塔式起重机安装拆卸工/建筑施工特种作业人员安全
技术培训教材编审委员会组织编写. —北京：中国建
筑工业出版社，2019.1
建筑施工特种作业人员安全技术培训教材
ISBN 978-7-112-22728-0

Ⅰ.①塔… Ⅱ.①建… Ⅲ.①塔式起重机-装配
(机械)-安全培训-教材 Ⅳ.①TH213.308

中国版本图书馆 CIP 数据核字（2018）第 218716 号

本书依据《关于建筑施工特种作业人员考核工作的实施意见》（建
办质［2008］41 号）中塔式起重机安装拆卸工安全技术考核大纲的要
求编写，内容共分为两大部分：安全生产基础知识；安全操作技能。
　　本书可作为塔式起重机安装拆卸工培训、继续教育、自学、考核
使用，也可供相关专业大中专院校师生学习使用。

责任编辑：范业庶　张　磊　王华月
责任校对：焦　乐　张　颖

建筑施工特种作业人员安全技术培训教材
塔式起重机安装拆卸工
建筑施工特种作业人员
安全技术培训教材编审委员会　　组织编写
江苏省建筑行业协会建筑安全设备管理分会　主编

*

中国建筑工业出版社出版、发行（北京海淀三里河路 9 号）
各地新华书店、建筑书店经销
霸州市顺浩图文科技发展有限公司制版
北京建筑工业印刷厂印刷

*

开本：850×1168 毫米　1/32　印张：10　字数：265 千字
2019 年 3 月第一版　　2019 年 11 月第二次印刷
定价：**30.00** 元
ISBN 978-7-112-22728-0
（32829）

建筑施工特种作业人员安全技术培训教材
编审委员会

主　任：胡永旭　张鲁风

副主任：邵长利　范业庶

编委会成员：（按姓氏笔画排序）

本书编委会

主　　编：时建民

副主编：陆　凯　赵　锋　邱世军　陈　钊

编　　委：施建平　袁祖强　佘强夫　吴尚松　夏　亮

　　　　　殷晨波　李　健　陆志远　余健平　孙鹏飞

　　　　　孙才业　林自敏　王玉鹏

序　言

中共中央、国务院 2016 年 12 月 9 日颁发的《关于推进安全生产领域改革发展的意见》中明确指出，"安全生产是关系人民群众生命财产安全的大事，是经济社会协调健康发展的标志，是党和政府对人民利益高度负责的要求。"

建筑业是我国国民经济的重要支柱产业。改革开放以来，我国建筑业快速发展，建造能力不断增强，产业规模不断扩大，吸纳了大量农村转移劳动力，带动了大量关联产业，对经济社会发展、城乡建设和民生改善作出了重要贡献。建筑安全生产管理工作也取得了很大成绩。从总体上看，全国建筑安全生产形势呈不断好转之势，但受施工环境和作业特点等所限，特别是超高层、大体量的建设工程逐年递增，施工现场不安全因素较多，建筑安全生产形势依然非常严峻。建筑业仍属事故多发的高危行业之一，每年发生的事故起数和死亡人数有着较大波动性。因此，建筑安全生产是建筑业和工程建设发展的永恒主题，必须以习近平新时代中国特色社会主义思想为指引，牢固树立以人为本、安全发展的理念，坚持"安全第一、预防为主、综合治理"方针，坚持速度、质量、效益与安全的有机统一，强化和落实建筑业企业主体责任，防范和遏制重特大事故，防止和减少违章指挥、违规作业、违反劳动纪律行为，促进建设工程安全生产形势持续稳定好转。

建筑施工特种作业，是指在建筑施工活动中容易发生事故，对操作者本人、他人的安全健康及设备、设施的安全可能造成重大危害的作业。直接从事建筑施工特种作业的人员，称为建筑施工特种作业人员。因此，抓好建筑施工特种作业人员的专业培训教育，实行持证上岗，对于保障建筑施工安全生产具有极为重要的意义。

本系列教材的编写依据主要是《建筑施工特种作业人员管理规定》（建质〔2008〕75号）、《关于建筑施工特种作业人员考核工作的实施意见》（建办质〔2008〕41号）。根据建筑施工特种作业人员的分类和《建筑施工特种作业人员安全技术考核大纲（试行）》所规定的考核知识点，本系列教材共编为12本。其中，《特种作业安全生产基本知识》是综合性教材，适用于所有的建筑施工特种作业人员；其余11本为专业性用书，分别适用于建筑电工、普通脚手架架子工、附着升降脚手架架子工、建筑起重司索信号工、塔式起重机司机、施工升降机司机、物料提升机司机、塔式起重机安装拆卸工、施工升降机安装拆卸工、物料提升机安装拆卸工、高处作业吊篮安装拆卸工。

本系列教材的编写工作，得到了黑龙江省建筑安全监督管理总站、河南省建筑安全监督总站、湖北省建设工程质量安全协会、浙江省建筑业行业协会施工安全与设备管理分会、山东省建筑安全与设备管理协会、湖南省建设工程质量安全协会、重庆市建设工程安全管理协会、江苏省建筑行业协会建筑安全设备管理分会、广东省建筑安全协会、安徽省建设行业质量与安全协会、江苏省高空机械吊篮协会和高空机械工程技术研究院以及有关方面专家们的大力支持，分别承担和完成了本系列教材的各书编写工作。特此一并致谢！

本系列教材主要用于建筑施工特种作业人员的业务培训和指导参加考核，也可作为专业院校和有关培训机构作为建筑施工安全教学用书。本书虽经反复推敲，仍难免有不妥之处，敬请广大读者提出宝贵意见。

建筑施工特种作业人员安全技术培训教材编审委员会

2018年12月

前　　言

塔式起重机安装拆卸工是住房和城乡建设部《建筑施工特种作业人员管理规定》（建质［2008］75号）中确定的特种作业人员之一，塔式起重机安装拆卸工须经专业培训考核合格后持证上岗，加强对塔式起重机安装拆卸工专业技术培训也是避免塔式起重机安全事故的重要手段。受中国建筑业协会建筑安全分会委托，江苏省建筑行业协会建筑安全设备管理分会组织编写了《塔式起重机安装拆卸工》教材，作为全国建筑施工特种作业人员塔式起重机安装拆卸工培训考核教材。

本教材在编写过程中，得到了中亿丰建设集团股份有限公司、苏州中翔起重设备安装有限公司、苏州浩博建筑机械有限公司、射阳县广厦机械租赁有限公司的大力支持，其中第一部分由袁祖强执笔编写，第二部分由佘强夫、赵锋执笔编写，第三部分由施建平、陆凯执笔编写，全书由时建民统稿，在此表示感谢！

由于时间仓促，水平有限，在本书编写过程中难免存在不足，敬请广大读者批评指正，以便在今后的教材编写中加以改进。

2018 年 12 月

目　　录

1 基础理论知识

1.1 力学基本知识

1.1.1 力的概念

力是一个物体对另一个物体的作用，它包括了一个受力物体与一个施力物体。一个物体对另一个物体施加拉、推、提、压等作用时，另一个物体就会受到这种作用，施加这种作用的物体叫施力物体，受到这种作用的物体叫受力物体。力的结果是使物体的运动状态发生变化或使物体变形。力使物体运动状态发生变化的效应称为力的外效应，使物体产生变形的效应称为力的内效应。力的概念是人们在长期的生活和生产实践中逐步形成的。例如用手推小车，由于手臂肌肉的紧张而感觉到用了"力"，小车也因为受"力"由静止开始运动；成熟的苹果受地球引力作用从树上掉下来；用汽锤锻打工件，工件受锻打冲击力作用发生变形等等。人们就从这样大量的实践中，由感性认识上升到理性认识，形成了力学概念，即：力是物体间相互的机械作用，因此力不能脱离实际物体而存在。

1.1.2 力的三要素

力的作用效果是使物体产生形变或使物体的运动状态发生改变，要使物体产生预想的效果，这不但与力的大小有关，而且与力的方向和力的作用点有关。在力学中，把力的大小、方向和作用点称为力的三个要素。

1. 力的大小

力的大小是物体相互作用的强弱程度。在国际单位制中，力的单位为牛顿（N）或千牛顿（kN），他们之间的关系为：$1kN = 10^3 N$

2. 力的方向

力的方向包含力的方位和指向两方面的含义。

3. 力的作用点

力的作用点是指物体上承受力的部位。力的作用位置实际上有一定的范围，当作用范围与物体相比很小时，可以近似地看作是一个点。

在力学中，把具有大小和方向的量称为矢量。因而，力是矢量，它可以用一个矢量图表示，如图 1-1 所示。

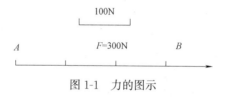

图 1-1 力的图示

作矢量图时，从力的作用点 A 起，沿着力的方向画一条与力的大小成比例的线段 AB，如用 1cm 长的线段表示 100N 的力，那么 300N 就是 3cm 长的线段，再在线段末端画出箭头，表示力的方向，文字符号用 F 表示。

1.1.3 力的基本性质

经过长期的实践，人们逐渐认识了关于力的许多规律，其中最基本的规律可归纳以下几个方面。

1. 二力平衡公理

要使物体在两个力的作用下维持平衡状态的条件是：这两个力大小相等、方向相反且作用在同一直线上。用公式表示为：$P_1 = -P_2$。

2. 加减平衡力系公理

可以在作用于物体的任何一个力系上加上或去掉几个互成平

衡的力，而不改变原力系对刚体的作用。由该公理可得到推论：力在刚体上有可传性。即在力的大小、方向不变的条件下，力的作用点的位置，可以在它的作用线上移动而不会影响力的作用效果。而力的作用线是通过作用点，沿着力的方向引出的直线。

3. 作用与反作用公理

力是物体间的相互作用，因此它们必是成对出现的。一物体以一个力作用于另一物体上时，另一物体必以一个大小相等、方向相反且在同一直线上的力作用在此物体上：如手拉弹簧，当手给弹簧一个力为 T，则弹簧给手的反作用力为 $-T$。作用力与反作用力总是同时存在，两力的大小相等、方向相反，沿着同一直线分别作用在两个相互作用的物体上。因为作用力与反作用力分别作用在两个物体上，所以不能看成是两个平衡力而相互抵消。

1.1.4　力的合成与分解

把盒子从地上拿起来，我们可以用一只手抓，也可以用两只手抱，两种不同的方式产生的效果都是相同的——盒子从地面被举高。如果几个力共同作用产生的效果与一个力的作用效果相同，这一个力就叫作那几个力的合力，那几个力叫作这一个力的分力。合力与分力是等效替代的关系，它们作用在物体的同一点，或作用线的延长线交于一点。

1. 力的合成

求几个力的合力的过程称为力的合成。如图 1-2 所示，求两个互成角度的共点力的合力，可以用表示这两个力的线段为邻边作平行四边形，这两个邻边之间的对角线就表示合力的大小和方向，这种方法称为平行四边形定则。如图 1-3 所示，把两个矢量的首尾顺次连接起来，第一个矢量的首到第二个矢量的尾的有向线段为合矢量，这种方法称为三角形定则。平行四边形定则和三角形定则都是求合力的常用方法。

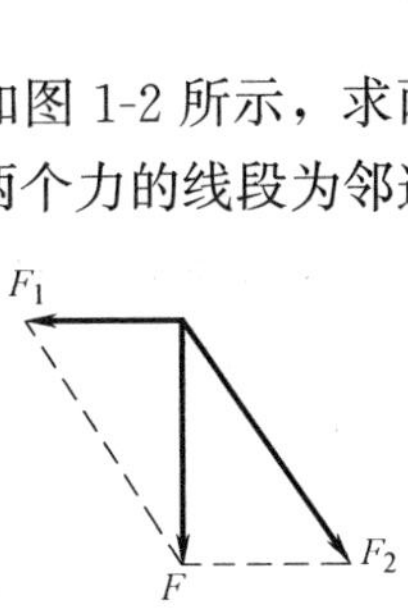

图 1-2　平行四边形定则

2. 力的分解

求一个力的分力的过程称为力的分解，力的分解是力的合成的逆运算。力的分解也遵循平行四边形定则和三角形定则。最常用的一种力的分解是正交分解法，即可将合力分解为沿相互垂直方向的两个力。如图 1-4 所示，$F = F_1 + F_2$。

图 1-3　三角形定则　　　　图 1-4　力的正交分解

1.1.5　力矩与力偶

在生产实践中，人们利用了各式各样的杠杆，如撬动重物的

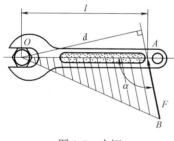

图 1-5　力矩

撬杆、称东西的秤等，这些不同的杠杆都利用了力矩的作用。由实践经验知道，用扳手拧螺母时，扳手和螺母一起绕螺栓的中心线转动。如图 1-5 所示，力使物体转动的效果，不仅取决于力的大小，而且与力 F 的作用线到 O 点距离 d 有关。

这样，就得出了力矩定义：力对 O 点的矩是力使物体产生绕 O 点转动的效应度量。O 点叫作力矩中心，力的作用线到 O 点的垂直距离 d 叫作力臂，力臂和力的乘积叫作力对 O 点的力矩，可以用式（1-1）表示。

$$m_o(F') = \pm Fd \qquad (1\text{-}1)$$

式（1-1）中正负号表示力矩转动的方向，一般规定：逆时针转动的力矩取正号，顺时针转动的力矩取负号。力矩的单位为 N·m 或 kN·m。

合力对于平面内任意一点的力矩，等于各分力对同一点的力矩之和。这个关系称为合力矩定理，用数学表达式（1-2）表示。

$$m_o(F)=m_o(F_1)+m_o(F_2)+...+m_o(F_n)=\sum m_o(F)\ (1\text{-}2)$$

在日常生活和工程实际中经常见到物体受到两个大小相等、方向相反，但不在同一直线上的两个平行力作用的情况，如图1-6所示。

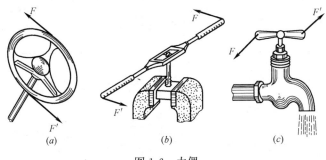

图 1-6　力偶

在力学中把这样一对等值、反向而不共线的平行力称为力偶，用符号（F、F'）表示。两个力作用线之间的垂直距离称为力偶臂。力偶对物体产生的转动效应应该用构成力偶的两个力对力偶作用平面内任一点之矩代数和来度量，我们称这两个力对某点之矩的代数和为力偶矩，用 m（F、F'）来表示，力偶矩与力之间的关系见式（1-3）所示。

$$m(F、F')=\pm Fd \qquad (1\text{-}3)$$

通常规定：力偶使物体逆时针方向转动时，力偶矩为正，反之为负。

1.1.6　物体质量的计算

物体的质量是由物体的体积和它本身的材料密度所决定的，我们平常所说的物体的重量近似物体的质量，质量的单位为千克（公斤），单位符号 kg。为了正确计算物体的质量，必须掌握各种材料密度和物体体积的计算方法等有关知识。

1. 材料的密度

计算物体质量时，离不开物体材料的密度。密度是物质的一种特性，物理上把某种物质单位体积的质量叫做这种物质的密度。其单位是 kg/m^3（千克/m³）。各种常见物质的密度及每立方米的质量见表1-1。

各种常见物质的密度及每立方米的质量表　　表1-1

物体材料	密度 （$\times 10^3 kg/m^3$）	每立方米 体积的质量 （$\times 10^3 kg$）	物体材料	密度 （$\times 10^3 kg/m^3$）	每立方米 体积的质量 （$\times 10^3 kg$）
水	1.0	1.0	混凝土	2.4	2.4
钢	7.85	7.85	碎石	1.6	1.6
铸铁	7.2～7.5	7.2～7.5	水泥	0.9～1.6	0.9～1.6
铸铜、镍	8.6～8.9	8.6～8.9	砖	1.4～2.0	1.4～2.0
铝	2.7	2.7	煤	0.6～0.8	0.6～0.8
铅	11.34	11.34	焦炭	0.35～0.53	0.35～0.53
铁矿	1.5～2.5	1.5～2.5	石灰石	1.2～1.5	1.2～1.5
木材	0.5～0.7	0.5～0.7	造型砂	0.8～1.3	0.8～1.3

2. 面积的计算

物体体积的大小与它本身截面积的大小成正比。各种规则几何图形的面积计算公式见表1-2。

平面几何图形面积计算公式表　　表1-2

名称	图形	面积计算公式
正方形		$S = a^2$
长方形		$S = ab$

名称	图形	面积计算公式
平行四边形		$S=ah$
三角形		$S=\dfrac{1}{2}ah$
梯形		$S=\dfrac{(a+b)h}{2}$
圆形		$S=\dfrac{\pi}{4}d^2$（或 $S=\pi R^2$） 式中 d——圆直径； R——圆半径
圆环形		$S=\dfrac{\pi}{4}(D^2-d^2)=\pi(R^2-r^2)$ 式中 d、D——分别为内、外圆环直径 r、R——分别为内、外圆环直径
扇形		$S=\dfrac{\pi R^2\alpha}{360}$ 式中 α——圆心角（°）

3. 物体体积的计算

物体的体积大体可分为两类：即具有标准几何形体和若干规则几何体组成的复杂形体两种。对于简单规则的几何形体的体积计算可直接由表 1-3 中的计算公式得到；对于复杂的物体体积可

将其分解成若干个规则的或者近似的几何形体，查表 1-3 按相应
计算公式计算并求其体积的总和。

各种几何形体体积计算公式表　　　表 1-3

名　称	图　形	公　式
立方体		$V=a^3$
长方体		$V=abc$
圆柱体		$V=\dfrac{\pi}{4}d^2h=\pi R^2h$ 式中　R——半径
空心圆柱体		$V=\dfrac{\pi}{4}(D^2-d^2)h=\pi(R^2-r^2)h$ 式中　r,R——内、外半径
斜截正圆柱体		$V=\dfrac{\pi}{4}d^2\dfrac{(h_1+h)}{2}=\pi R^2\dfrac{(h_1+h)}{2}$ 式中　R——半径
球体		$V=\dfrac{4}{3}\pi R^3=\dfrac{1}{6}\pi d^3$ 式中　R——底圆半径； 　　　　d——底圆半径

名称	图　形	公　式
圆锥体		$V=\dfrac{1}{12}\pi d^2h=\dfrac{\pi}{3}R^2h$ 式中　R——底圆半径； 　　　d——底圆半径
三棱体		$V=\dfrac{1}{2}bhl$ 式中　b——边长； 　　　h——高； 　　　l——三棱体长
锥台		$V=\dfrac{h}{6}\times\left[(2a+a_1)b+(2a_1+a)b_1\right]$ 式中　a、a_1——上下边长； 　　　b、b_1——上下边宽； 　　　h——高
正六角棱柱体		$V=\dfrac{3\sqrt{3}}{2}b^2h$ $V=2.598b^2h=2.6b^2h$ 式中　b——底边长

4. 物体质量的计算

物体的质量等于该物体的材料密度与体积的乘积，其表达式见式（1-4）。

$$m=\rho V \tag{1-4}$$

式中　m——物体的质量（kg）；

　　　ρ——物体的材料密度（kg/m³）；

　　　V——物体的体积（m³）。

【例 1-1】试计算一块长为 3m，宽为 1m，厚为 50cm 的钢板质量。

【解】计算体积时必须统一单位：长为 3m，宽为 1m，厚为 50cm 即 0.05m。

查表 1-1 得知钢材的密度：$\rho = 7.85 \times 10^3 \, \text{kg/m}^3$

计算体积：$V = abh = 3 \times 1 \times 0.05 = 0.15 \text{m}^3$

计算质量：$m = \rho V = 7.85 \times 10^3 \times 0.15 \approx 1.18 \times 10^3 \, \text{kg}$

1.2 电工基础知识

1.2.1 基本概念

1. 电流

（1）电流的形成：导体中的自由电子在电场力的作用下作有规则的定向运动就形成电流。

（2）电流具备的条件：一是有电位差，二是电路一定要闭合。

（3）电流强度：电流的大小用电流强度来表示，基数值等于单位时间内通过导体截面的电荷量，计算公式见式（1-5）。

$$I = \frac{Q}{t} \qquad (1-5)$$

式中　Q——电荷量（库仑）；t——时间（秒/s）；I——电流强度。

（4）电流强度的单位是"安"，用字母"A"表示。常用单位有：千安（kA）、安（A）、毫安（mA）、微安（μA），$1\text{kA} = 10^3 \text{A}$，$1\text{A} = 10^3 \text{mA}$，$1\text{mA} = 10^3 \mu\text{A}$。

（5）直流电流（恒定电流）的大小和方向不随时间的变化而变化，用大写字母"I"表示，简称直流电。

2. 电压

（1）电压的形成：物体带电后具有一定的电位，在电路中任意两点之间的电位差，称为该两点的电压。电压按等级划分为：低压、高压与安全电压。高压指的是电气设备对地电压在 1000V

以上；低压指的是电气设备对地电压在 250V 及以下。安全电压有五个等级：42V，36V，24V，12V，6V。

（2）电压的方向：一是高电位指向低电位；二是电位随参考点不同而改变。

（3）电压的单位是"伏特"，用字母"U"表示。常用单位有：千伏（kV）、伏（V）、毫伏（mV）、微伏（μV）。$1kV = 10^3 V$，$1V = 10^3 mV$，$1mV = 10^3 μV$。

3. 电阻

（1）电阻的定义：自由电子在物体中移动受到其他电子的阻碍，对于这种导电所表现的能力就叫电阻。电阻是导体中客观存在的，它与导体两端电压变化情况无关，即使没有电压，导体中仍然有电阻存在。实验证明，当温度一定时，导体电阻只与材料及导体的几何尺寸有关。

（2）电阻的单位是"欧姆"，用字母"R"表示。电阻的计算公式见式（1-6）。

$$R = \rho \frac{l}{s} \tag{1-6}$$

式中　l——导体长度；s——截面积；ρ——材料电阻率。

几种常用材料在 20℃ 时的电阻率　　　　表 1-4

材料名称	电阻率（Ω·m）
银	$1.6×10^{-8}$
铜	$1.7×10^{-8}$
铝	$2.9×10^{-8}$
钨	$5.3×10^{-8}$
铁	$1.0×10^{-8}$
康铜	$5.0×10^{-8}$
锰铜	$4.4×10^{-8}$
铝铬铁电阻丝	$1.2×10^{-8}$

从表 1-4 中可知，铜和铝的电阻率较小，是应用极为广泛的导电材料。以前，由于我国铝的矿藏量丰富，价格低廉，常用铝线作输电线。由于铜线有更好的电气特性，如强度高、电阻率小，现在铜制线材被更广泛应用。电动机、变压器的绕组一般都用铜材。

4. 电路

（1）电路的定义：由金属导线和电气以及电子部件组成的导电回路，称其为电路。直流电通过的电路称为"直流电路"；交流电通过的电路称为"交流电路"。

（2）电路的组成：电路由电源、负载、连接导线、开关组成。

（3）电源：是把非电能转换成电能并向外提供电能的装置。常见的电源有干电池、蓄电池和发电机等。

（4）负载：负载是电路中用电器的总称，它将电能转换成其他形式的能。如电灯把电能转换成光能；电烙铁把电能转换成热能；电动机把电能转换成机械能。

（5）连接导线：导线将电源和负载连接起来，担负着电能的传输和分配的任务。电路电流方向是由电源正极经负载流到电源负极，在电源内部，电流由负极流向正极，形成一个闭合通路。

（6）开关：开关属于控制电器，用于控制电路的接通或断开。

1.2.2 电工识图

1. 电路图

在设计、安装或维修各种实际电路时，经常要画出表示电路连接情况的图。如图 1-7 所示的实物连接图，虽然直观，但很麻烦，因此用国家统一规定的符号和规则来表示电路连接表况。这种图称为电路图，如图 1-8 所示。

表 1-5 是几种常用的电工符号。

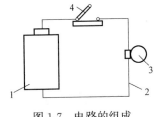

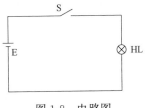

图 1-7　电路的组成

1—电源；2—导线；3—灯泡；4—开关

图 1-8　电路图

几种常用的电工符号　　　　　表 1-5

名称	符号	名称	符号
电源	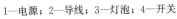	电流表	(A)
导线		电压表	(V)
开关		熔断器	
电阻		电容	
照明灯	⊗	接地	

2. 电路的三种状态

电路有三种状态：即通路、短路、断路。

(1) 通路是指电路处处接通。通路也称为闭合电路，简称闭路。只有在通路的情况下，电路才有正常的工作。

(2) 短路是指电源或负载两端被导线连接在一起，分别称为电源短路或负载短路。电源短路时电源提供的电流要比通路时提供的电流大很多倍，通常是有害的，也是非常危险的，所以一般不允许电源短路。

(3) 断路是电路中某处断开，没有形成通路的电路。断路也称为开路，此时电路中没有电流。

3. 电路的连接

(1) 串联电路：电阻串联将电阻首尾依次相连，但电流只有一条通路的连接方法。串联电路有如下几个特点：

① 电流与总电流相等，即 $I=I_1=I_2=I_3\cdots$

② 总电压等于各电阻上电压之和，即 $U=U_1+U_2+U_3\cdots$

③ 总电阻等于负载电阻之和，即 $R=R_1+R_2+R_3\cdots$

④ 各电阻上电压降之比等于其电阻比，即 $\dfrac{U_1}{U_2}=\dfrac{R_1}{R_2}$，$\dfrac{U_1}{U_3}=\dfrac{R_1}{R_3}$，…

（2）并联电路：电路中若干个电阻并列连接起来的接法，称为电阻并联。并联电路具有如下几个的特点：

① 各电阻两端的电压均相等，即 $U_1=U_2=U_3=\cdots=U_n$；

② 电路的总电流等于电路中各支路电流之总和，即 $I=I_1+I_2+I_3\cdots$

③ 电路总电阻 R 的倒数等于各支路电阻倒数之和，即 $\dfrac{1}{R}=\dfrac{1}{R_1}+\dfrac{1}{R_2}+\dfrac{1}{R_3}+\cdots+\dfrac{1}{R_n}$。并联负载愈多，总电阻愈小，供应电流愈大，负荷愈重。

1.2.3 电动机的结构、分类和工作原理

电动机是把电能转换成机械能，并输出机械转矩的动力设备。现代各种机械广泛应用电动机来驱动。一般电动机可分为直流电动机和交流电动机两大类。交流电动机按使用电源相数可分为单相电动机和三相电动机两种，而三相电动机又分同步式和异步式两种，异步电动机按转子结构不同又分成笼式和绕线式两种。

三相异步电动机结构简单、维修方便、运行可靠，与相同容量的其他电动机相比具有质量轻、成本低、价格便宜等优点。因此，被广泛用来做中、小型轧钢机、各种机床以及轻工机械和鼓风机的拖动部分。根据统计，国内有 90% 左右的电力拖动机械使用异步电动机，其中，小型异步电动机占 70% 以上。在电网的总负载中异步电动机的用电量占 60% 以上。

1. 三相笼式异步电动机的基本结构

三相笼式异步电动机主要是由定子和转子两部分组成，如图 1-9 所示。

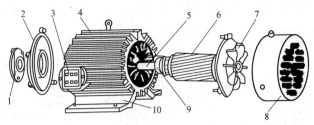

图 1-9　三相笼式异步电动机主要结构

1—轴承盖；2—端盖；3—接线盒；4—扇热肋；5—转子轴；

6—转子；7—风扇；8—罩壳；9—轴承；10—机座

三相异步电动机的定子部分包括机座、定子铁芯和定子绕组。机座用铸铁或铸钢制成。它支承着定子铁芯。定子铁芯由互相绝缘的硅钢片叠制而成，内圆有槽孔，定子绕组嵌在槽内。其中笼式异步电动机定子铁芯如图 1-10 所示。

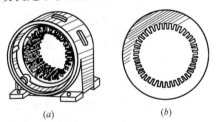

(a)　　　　　　　　(b)

图 1-10　笼式异步电动机定子铁芯主要结构

(a) 定子铁芯；(b) 定子铁芯冲片

定子绕组是定子的电路部分，由三相对称绕组组成。三相绕组的各相彼此独立，按互差 120°的电角度嵌放在定子槽内，并与定子铁芯绝缘。定子绕组的首端分别用 U_1、V_1、W_1 表示，而绕组的末端分别用 U_2、V_2、W_2 表示。

转子由转子铁芯、转子绕组和转轴等部分组成。转子铁芯是由外圆有槽孔的硅钢片叠制而成，槽内放置铜条（或铸铝）。铁芯两端分别用导电的端环将槽内的铜条连接起来，形成短接回路；如果去掉转子铁芯，转子的结构与笼子相似，如图 1-11 所示。

绕线式异步电动机只是转子结构不同，它的转子是由绕组组成的，与定子绕组一样也是三相的。

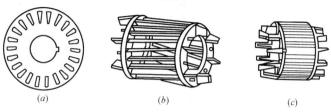

(*a*)　　　　　　　(*b*)　　　　　　　(*c*)

图 1-11　笼式异步电动机转子结构示意图

(*a*) 转子铁芯冲片；(*b*) 转子铜条结构；(*c*) 铸铝转子示意图

2. 三相异步电动机的使用

（1）启动

电动机接通电源后，转子转速从零达到稳定转速的过程，称为启动。

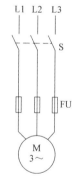

图 1-12　全电压启动电路

启动时若加在电动机定子绕组上的电压是电动机工作时的额定电压，就称为全压启动，如图 1-12 所示。

在刚启动时，转子尚未转动，但旋转磁场已经产生。磁场以最大相对速度切割转子铜条，在铜条中产生很大的感应电流。与变压器的原理相似，定子绕组相当于变压器的一次，转子的铜条相当于变压器的二次。所以，在电动机启动瞬间，定子绕组中要出现很大的启动电流，一般全压启动时的启动电流是额定电流的 4～7 倍。电动机在不频繁启动时，启动时间很短（只有 1～3s）；虽然电流很大，但对电动机影响不大。如果电动机启动频繁，由于热量积累，可使电动机过热，容易造成绝缘材料老化，缩短电动机的使用寿命。电动机启动电流过大；还会在短时间内造成供电线路电压降增大，使负载两端电压短时间下降。这样不但使电动机本身启动转矩减小，以至于启动不起来，还会影响同一供电线路上其他负载正常运行。若是三相电动机，由于电压下降，使转速降低，转矩减小，以至于带不动负载，而产生堵转现象。

在实际工作中要尽量避免电动机的频繁启动。如车削加工时，使用摩擦离合器或电磁离合器将主轴与电动机转轴分离，从而减少电动机的启动和停车，避免启动电流过大，影响电动机的使用寿命。

一般说来，笼式异步电动机额定功率小于 7.5kW，或者额定功率大于 7.5kW 且小于供电电源容量的 20%，都可以采用全压启动。

如果线路不允许电动机全压启动，则采用降压启动的方式来限制启动电流。降压启动是利用启动设备将电压适当降低后，加到电动机定子绕组上进行启动，待电动机启动以后，再使电压恢复到额定值。降压启动适用于空载或轻载下启动。

常见的降压启动方法有 4 种：定子绕组中串联电阻（或电抗器）的降压启动、自耦变压器降压启动、延边三角形降压启动、星形（Y）—三角形（△）变换降压启动。

（2）反转

在生产上常需要电动机反转，如图 1-13 所示。当开关向上合时，电动机正转。当开关向下合时，把接在电动机上的三相电源的 U 相和 V 相进行对调，改变定子绕组中三相交流电流的相序，电动机即可实现反转。

（3）制动

制动就是在电动机切断电源后，给它一个与转动方向相反的转矩，使它很快地减速或停车。如起重机的吊钩需要立即减速或停车以达到准确定位，万能铣床主轴迅速停转等，都需要制动。制动的方法一般有机械制动和电力制动两大类。

机械制动是利用机械装置，使电动机在切断电源后，达到迅速停转的方法。使用较普遍的有电磁抱闸，如图 1-14 所示。

电磁抱闸的工作原理如下：当接通电源后，电磁抱闸的线圈得电而吸引衔铁，克服了弹簧的拉力，迫使杠杆向上移动，使闸瓦和闸轮分开，此时电动机启动，正常运转。一旦电动机的电源被切断，电磁抱闸的线圈也同时失电。于是衔铁被释放，在弹簧拉力的作用下，闸瓦紧紧抱住闸轮，电动机被迅速制动而停车。电磁抱闸方法在起重机械中被广泛采用，这种制动方法不但可以准确定位，而且在电动机突然断电时，还可以避免重物自行掉落而产生事故。

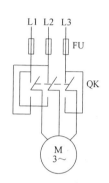
图 1-13　三相异步电动机

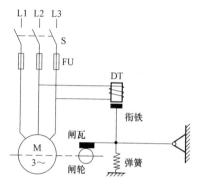
图 1-14　电磁抱闸制动原理

　　电力制动常用的方法有反接制动和能耗制动。反接制动：是依靠改变输入电动机的电源相序，使定子绕组产生反向旋转磁场，从而使转子受到与原来转动方向相反的转矩，而迅速停转。采用反接制动必须注意，当制动到转子转速接近零时，应及时切断电源，否则电动机将反向运行；能耗制动：是电动机脱离电源后，立即向它的定子绕组通人直流电流，就能使电动机制动，这种方法制动平稳，定位准确。

　　3. 三相笼式异步电动机的铭牌数据

　　目前我国已经推广使用 Y 系列三相异步电动机。现在以 Y132M2—4 为例，介绍铭牌数据。

　　（1）型号

　　Y 系列电动机型号由 4 部分组成，第一部分汉语拼音字母 Y 表示异步电动机；第二部分数字表示中心高（转轴中心至安装平台表面的高度）；第三部分英文字母为机座长度代号（S 表示短机座、M 表示中机座，L 表示长机座），字母后的数字为铁芯长度代号（1—短铁芯，2—长铁芯），横线后的数字为电动机的极数；第四部分为特殊环境代号，没标符号者表示电动机只适用于普通环境，W 表示用于户外环境，F 表示用于化工防腐环境。

图 1-15　Y 系列电动机型号的组成

（2）功率

铭牌上所标出的功率是在额定运行情况下，电动机转轴上输出的机械功率，又叫容量，通常用 P_N 或 P_2 表示，单位是瓦（W）或千瓦（kW）。

（3）额定频率

指电动机在额定运行时的电频率，我国规定工频为 50Hz。

（4）额定电压

指电动机额定运行时加在定子绕组上的线电压值，单位是伏（V）。

（5）额定电流

指电动机在额定运行时定子绕组的电流值，单位是安（A）。

（6）额定转速

指电动机在额定运行时电动机的转速，单位是 r/min。

（7）工作方式

也称为定额，是指电动机的运转状态 H 分连续、短时、断续等三种。"连续"是指电动机在额定运行情况下长期连续使用，用 S1 表示；"短时"是指电动机在限定时间内短期运行，用 S2 表示，"断续"是指电动机以间歇方式运行，用 S3 表示。

（8）接线

指定子绕组的连接方式，有星形接法和三角形接法两种。使用时根据铭牌标志正确连接。如图 1-16 所示，笼式三相异步电动机的接线盒有 6 根引出线，标有 U1，V1，W1，U2，V2，

W2，其中，U1，U2 是第一相绕组的两端，V1，V2 是第二相绕组的两端，W1，W2 是第三相绕组的两端。

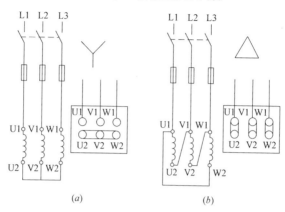

图 1-16　三相异步电动机接线图

（a）星形联结；（b）三角形联结

（9）绝缘等级

指绝缘材料的耐热等级，通常为 7 个等级。

此外，三相异步电动机的主要技术数据还有功率因数、效率、启动电流、启动转矩和最大转矩等，但不在铭牌上标出，可从产品目录中查得。

4. 三相异步电动机使用要点

三相异步电动机是一种比较耐用的电动机种类，但由于它是机电一体的设备，以及由于使用频度、工作环境、保养程度的原因，故障比较多发。作为直接的使用者，要熟悉使用要点，及时告知有关人员设备状况，保证设备安全、正常工作。

（1）过于频繁的启、停，正、反转，会影响使用寿命及导致过载。

（2）电动机内部不正常的声音，都是故障的表现，处理不及时，都会导致电动机的灾难。电动机缺相运行、连续过载、轴承等机械故障，都会伴有不正常声音，应及时采取相应措施。

（3）当电动机发出怪味时，应及时检查，防止故障扩大。

1.2.4 常用低压电器

低压电器一般指工作电压低于 1000V 的电器。

机床常用低压电器在机床控制电路中主要起通断、控制、保护、调节等作用。

低压电器分为手动电器和自动电器两类。手动电器是由工作人员手动操作的，这类电器包括刀开关、组合开关、铁壳开关和按钮等。自动电器是按照指令、信号或某个物理量的变化而自动动作的。这类电器有各种继电器、接触器等，还有起保护作用的电器，如熔断器等。

1. 开关

开关通常是指用手操纵，对电路进行接通或断开的一种控制电器。

（1）铁壳开关

铁壳开关又叫负荷开关。如图 1-17 所示，铁壳开关主要由动闸刀、速断弹簧、刀座、操作手柄、熔断器等组成。将这些元件装在一个铁壳内，所以称为铁壳开关。速断弹簧能迅速将动闸

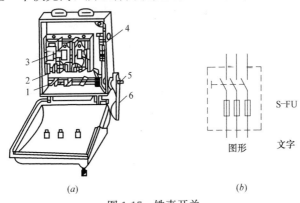

（a）　　　　　　　　　（b）

图 1-17　铁壳开关

（a）结构图；（b）符号

1—动闸刀；2—刀座；3—磁插式熔断器；4—速断弹簧；

5—转轴；6—操作手柄

刀从刀座拉开，使电弧迅速拉长而熄灭。在操作手柄一侧的铁壳边上有一凸肋，它的作用是当开关接通时，铁壳盖不能打开；而铁壳盖打开时，开关不能合闸，以保证安全。安装时，铁壳应可靠接地以防意外漏电引起操作者触电。长期使用的铁壳开关应注意触头的使用状况，触头状况不佳，可能导致被控电动机缺相运行，烧坏电动机。

铁壳开关实质上也是刀开关，它可以用28kW以下的电动机直接启动控制，也可用作电源隔离开关或负荷开关。常用的铁壳开关有HH3系列，额定电压为交流440V，额定电流有15A，30A，60A，100A和200A等几种。

（2）断路器

断路器是指能够关合、承载和开断正常回路条件下的电流并能关合、在规定的时间内承载和开断异常回路条件下的电流的开关装置。

断路器可用来闭合或者断开供应电能的电路，以达到停电、供电和转换电路的目的。当它们发生严重的过载或者短路及欠压等故障时能自动切断电路，其功能相当于熔断器式开关与过欠热继电器等的组合。而且在分断故障电流后一般不需要变更零部件。

断路器的分类方法繁多，可按用途分，也可按结构形式、操作方式、保护特性、电流种类和动作速度分类，如表1-6所示。

断路器的分类和主要用途　　　　　　表1-6

名称	电流种类和范围	保护特性			主要用途
配电用断路器	交流 200～4000A	选择型	二段保护	瞬时、短延时	作电源总开关和支路近电源断开关
			三段保护	瞬时、短延时、长延时	
		非选择型	限流型	长延时或瞬时	支路近电源断开关
			一般型		支路末端开关
	直流 600～6000A	快速型	有极性、无极性		保护硅整流设备
		一般型	长延时、瞬时		保护一般直流设备

名称	电流种类和范围	保护特性			主要用途
电动机保护用断路器	交流63～630A	直接启动	一般型	过电流脱扣器瞬动倍数 $8～15I_n$	保护笼型电动机
			限流型	过电流脱扣器瞬时倍数 $12I_n$	保护笼型电动机也可用近电源端
		间接启动		过电流脱扣器瞬动倍数 $3～8I_e$	保护笼型和绕线型电动机
导线保护断路器	交流6～125A	过载长延时，短路瞬动			单极或三极用于生活建筑和信号二次回路
漏电保护断路器	交流20～63A（家用）20～600A（工业用）	漏电动作灵敏度按使用目的不同分挡			确保人身安全防止漏电起火
特殊用途的断路器	交流直流	按特殊要求而定			灭磁开关闭合开关等

其中漏电保护断路器，是一种剩余电流保护电器，简称空气开关（漏电断路器），额定电流多在 63A 以下，100A 以上的漏电开关则用空气断路器与漏电继电器配合而成，也有在塑料外壳式断路器上加装漏电保护附件而构成的，对它的主要要求是动作灵敏度高和断开时间短，以确保人身安全，防止漏电而引起火灾。空气开关的外形结构与符号如图 1-18 所示。

图 1-18　空气开关外形结构与符号图

空气开关的动作原理：一旦发生过载或短路时，过流脱钩器将吸合而顶开锁钩，将主触头断开，从而起到短路保护作用；一旦电压严重下降或欠电压时，衔铁就会被释放而使主触头断开，实现欠压保护。空气开关动作原理图如图 1-19 所示。

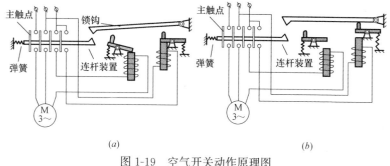

(a)   (b)

图 1-19　空气开关动作原理图

(a) 短路保护电路；(b) 欠电压保护电路

（3）按钮

按钮也是一种手动开关，用于控制电动机或机床控制电路的接通或断开。按照按钮的用途和触头配置，可把按钮分为常开的启动按钮、常闭的停止按钮和复合按钮三种，如图 1-20 所示。按钮在松手停按后，一般都自动复位。

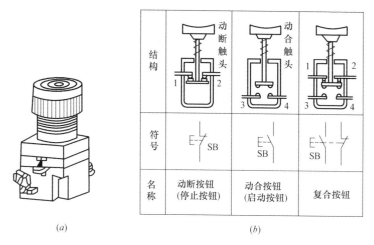

(a)   (b)

图 1-20　按钮

(a) LA19 系统按钮；(b) 按钮结构及符号

复合按钮有两对触头，桥式动触头和上部两个静触头组成一对常闭触头，又和下部两个静触头组成一对常开触头。按下按钮时，桥式动触头向下移动，先断开常闭触头，然后闭合常开触头，停按后，在弹簧作用下自动复位。复合按钮如果只使用其中一对触头，即成为常开的启动按钮或常闭的停止按钮。常用按钮为LA19和LA-10系列，除单只按钮外，还有双连和三连按钮。按钮的额定电压为交流380V，触头额定电流为5A。LA19-11型按钮帽中还装有指示灯，可以用灯亮与不亮来表示电路某种工作状态。

按钮一般通过按钮帽螺钉，固定在操作面板上，使用时注意螺钉一旦松动，及时拧紧，防止按钮被按入面板内，导致失控及内部短路。

2. 接触器

接触器是一种自动的电磁式开关。它通过电磁力作用下的吸合和反向弹簧力作用下的释放，使触头闭合和分断，导致电路的接通和断开。接触器是电力拖动中最主要的控制电器之一。接触器分为直流和交流两大类，结构大致相同。这里只简单介绍交流接触器。

如图1-21（a）所示是交流接触器的结构图。它主要由电磁铁和触头两部分组成。电磁铁静铁芯、线圈和动铁芯等，其中静铁芯与线圈固定不动，动铁芯又称衔铁，可以移动。触头由桥式动触头和静触头组成，桥式动触头和电磁系统的动铁芯通过绝缘支架固定在一起。

如图1-21（b）所示是交流接触器的工作原理图。当按下按钮时线圈得电，静铁芯产生电磁力，将动铁芯吸合，带动桥式动触头向下移动，使之与静触头接触。这时电动机与电源接通，电动机启动运转。当松开按钮时线圈断电，电磁力消失，在反向弹簧力作用下，动、静触头分离，自动切断电动机的电源，电动机停转。因此，只要控制线圈的通、断电，就可以使接触器的触头开闭，从而达到控制主电路的接通或切断。

接触器的触头有主触头和辅助触头两种。通常主触头有三对，它的接触面积较大；并有灭弧装置，能通过较大的电流。主

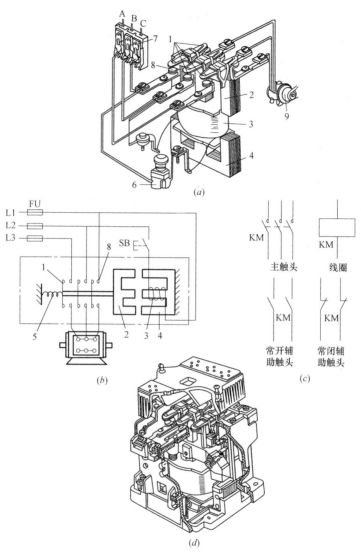

图 1-21　交流接触器

（a）交流接触器主要结构；（b）动态原理图；（c）符号；（d）实物

1—桥式动触点；2—衔铁；3—线圈；4—静衔铁；5—复位弹簧；

6—按钮；7—熔断器；8—静触点；9—电动机

触头在电路中，控制用电器的启动与停止。

接触器的常态是线圈没有通电时触头的工作状态。此时，处于断开的触头称为常开触头，处于闭合的触头称为常闭触头。常态时，主触头是常开的，辅助触头有常开与常闭两种形式。

接触器的符号如图 1-21（c）所示。主触头、辅助触头和线圈接在不同电路中，所以在电路图经常分开画出。辅助触头符号用一段的常开触头和常闭触头符号表示，主触头符号由一般常开触头符号加接触器功能符号组成，中间是表示线圈的符号。如图 1-21（d）所示是交流接触器的剖面图。

接触器一般直接控制电动机等设备的动力电源电路。主触头受电弧影响，使用寿命较短，应定期检查监视触头使用情况。避免由于触头问题，导致不能停车、缺相不能启动、电动机缺相运行等。禁止接触器在没有灭弧罩的情况下负载工作。正常工作的接触器有轻微的振动声，一旦发出连续的较强的振动声，应及时通知专业人员。

3. 热继电器

电动机在运行过程中，由于长期负荷过大，频繁启动或者缺相运行等，都可能使电动机定子绕组的电流超过额定值，这种现象叫做过载。此时，熔断器并不熔断，定子绕组将发热，温度升高，使绕组的绝缘材料损坏，严重时烧毁电动机。热继电器就是用来作过载保护的电器。

热继电器是利用电流热效应而制作的继电器。使用热继电器时，应将热元件的电阻丝串接在主电路中，将常闭触头串接在有接触器线圈的控制电路中。如图 1-22 所示是热继电器的工作原理图。热元件是一段电阻不大的电阻丝，串接在主电路中。双金属片 2 由膨胀系数不同的两种金属辗压而成，上层金属的膨胀系数小，下层金属的膨胀系数大。当负载电流超过额定值时，双金属片 2 受热产生足够的膨胀，向上弯曲，使扣板 3 脱扣，弹簧 4 拉下扣板，使常闭触头 5 断开。触头 5 与接触器线圈串联，所以线圈断电，主触头断开，负载停止工作。

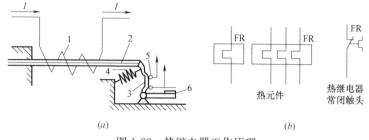

图 1-22 热继电器工作原理

（a）原理图；（b）符号

1—电阻丝；2—双金属片；3—扣板；4—弹簧；5—常闭触头；6—复位键

由于双金属片有热惯性，因而热继电器不能做短路保护。当出现短路事故时，要求电路立即断开，而热继电器却不能马上动作。但是，热继电器的热惯性；也有一定好处。例如，电动机启动或者短时过载，热继电器不会立即动作，这样就避免了电动机不必要的停车。热继电器复位时，按下复位键 6 即可。

4. 熔断器

熔断器是一种简单而有效的保护电器，主要用于保护电源免受短路的损害。熔断器串联在被保护的电路中，在正常情况下相当于一根导线。当发生短路或严重过载时，电路电流超过额定值，熔丝或熔片因过热而熔断，自动切断电路。

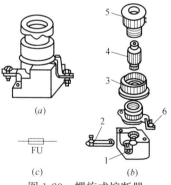

图 1-23　螺旋式熔断器

（a）外形；（b）结构；（c）符号

1—底座；2—下接线端；3—磁套；
4—熔断器；5—磁帽；6—上接线端

熔体是熔断器的主要元件，一般用低熔点铅锡合金做成熔丝，大电流电路中使用的熔体是用铜银制成的薄片。在熔体熔断时将会产生强烈的电弧，熔化金属飞溅，会烧伤人身或引起电路事故。因此，熔体要装在外壳里面组成熔断器。

常用的熔断器为螺旋式，它的形状与结构如图 1-23（a）、（b）

所示。熔断器的表示符号，如图 1-23（c）所示。

熔断器发生熔断时，尤其是熔丝爆断时，切忌不加分析直接更换熔丝，或更换更大容量的熔丝，马上投入使用。熔丝的熔断主要是电路的故障导致的，应确认排除故障，才可通电继续工作。

1.2.5 PLC 及其应用

1. 什么是 PLC？

早期的可编程控制器主要是用来替代继电器控制系统的，因此功能较为简单，只能进行开关量逻辑控制，称为可编程逻辑控制器（Programmable Logic Controller），简称 PLC。

可编程控制器是一种数字运算操作的电子系统，专为工业环境而设计。它采用了可编程序的存储器，用来在其内部存储执行逻辑运算、顺序控制、定时、计数和算术运算等操作的指令，并通过数字式和模拟式的输入和输出，控制各种类型机械的生产过程。而有关的外围设备，都应按易于与工业系统联成一个整体，易于扩充其功能的原则设计。可以认为 PLC 实质是一台工业控制用计算机。

常见的 PLC 有：合资产品欧姆龙 PLC、日本松下 PLC、美国通用 PLC 等。如图 1-24 所示。

（a） （b） （c）

图 1-24　常见的 PLC 系列

（a）合资产品欧姆龙 PLC；（b）日本松下 PLC；（c）美国通用 PLC

2. PLC 控制器的基本结构

PLC 控制器实质是一种专用于工业控制的计算机，其硬件结构基本上与微型计算机相同。其结构框图如图 1-25 所示。

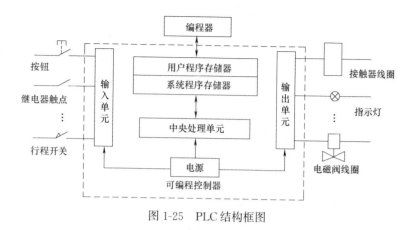

图 1-25 PLC 结构框图

（1）中央处理单元：中央处理单元（CPU）是 PLC 控制器的控制中枢。它按照 PLC 控制器系统程序赋予的功能接收并存储从编程器键入的用户程序和数据；检查电源、存储器、I/O 以及警戒定时器的状态，并能诊断用户程序中的语法错误。当 PLC 控制器投入运行时，首先它以扫描的方式接收现场各输入装置的状态和数据，并分别存入 I/O 映象区，然后从用户程序存储器中逐条读取用户程序，经过命令解释后按指令的规定执行逻辑或算数运算的结果送入 I/O 映象区或数据寄存器内。等所有的用户程序执行完毕之后，最后将 I/O 映象区的各输出状态或输出寄存器内的数据传送到相应的输出装置，如此循环运行，直到停止运行。

为了进一步提高 PLC 控制器的可靠性，近年来对大型 PLC 还采用双 CPU 构成冗余系统，或采用三 CPU 的表决式系统。这样，即使某个 CPU 出现故障，整个系统仍能正常运行。

（2）存储器：存放系统软件的存储器称为系统程序存储器；存放应用软件的存储器称为用户程序存储器。

（3）电源：PLC 控制器的电源在整个系统中起着十分重要的作用。如果没有一个良好的、可靠的电源系统是无法正常工作的，因此 PLC 的制造商对电源的设计和制造也十分重视。一般交流电压波动在＋10％范围内，可以不采取其他措施而将 PLC 控制器直接连接到交流电网上去。

（4）I/O 回路：输入单元接收来自用户设备的各种控制信号，通过接口电路将这些信号转换成中央处理器能够识别和处理的信号，并存到输入映像寄存器。运行时 CPU 从输入映像寄存器读取输入信息并进行处理，将处理结果放到输出映像寄存器。输出映像寄存器由输出点相对应的触发器组成，输出接口电路将其由弱电控制信号转换成现场需要的强电信号输出，以驱动被控设备的执行元件。

3. 工作原理

PLC 是以分时操作方式来处理各项任务的，程序的执行是按顺序依次完成相应各电器的动作，它属于串行工作方式。PLC 是按集中输入、集中输出，周期性循环顺序扫描的方式工作的，每一次扫描所用的时间为扫描周期或工作周期。PLC 工作的全过程可用如图 1-26 所示的运行框图来表示。

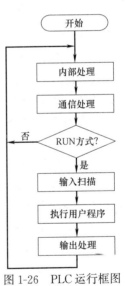

图 1-26　PLC 运行框图

一个扫描周期的五个阶段：内部处理→与编程器等的通信处理→输入扫描→执行用户程序→输出处理。PLC 运行正常时，扫描周期与 CPU 的运算速度、I/O 点的情况、用户应用程序的长短等有关。

其中输入采样、程序执行、输出刷新这三个阶段是 PLC 工作过程的中心内容。PLC 典型的扫描工作过程如图 1-27 所示。

（1）输入采样阶段

在输入采样阶段，PLC 以扫描方式按顺序将所有输入端的输入信号状态（"0"或"1"，表现在接线端子上是否承受外加电压）读入输入映像寄存器中，这个过程称为对输入信号的采样，接着转入程序执行阶段。在输入采样阶段结束后，即使输入信号

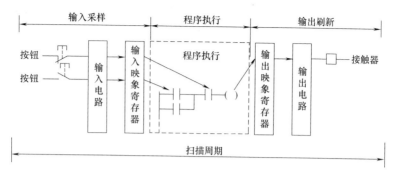

图 1-27 PLC 典型的扫描工作过程

状态发生改变，输入映像寄存器中的状态也不会发生改变。

（2）程序执行阶段

在程序执行阶段，PLC 对程序按顺序进行扫描，又称程序处理阶段。如果程序用梯形图表示，则总是按先上后下、先左后右的顺序对由接点构成的控制线路进行逻辑运算，然后根据逻辑运算的结果，刷新输出映像寄存器区或系统 RAM 区对应位的状态。在程序执行阶段，只有输入映像寄存器区存放的输入采样值不会发生改变，其他各种元素在输出映像寄存器区或系统 RAM 存储区内的状态和数据都有可能随着程序的执行随时发生改变。

（3）输出刷新阶段

当程序执行后进入输出刷新阶段。此时将输出映像寄存器中所有输出继电器的状态转存到输出锁存器中，再通过输出端驱动用户输出设备（负载）。

1.2.6 施工现场临时用电

1. 临时用电管理

建筑施工用电是施工过程的用电，称为临时用电。保障施工现场用电安全，防止触电和电气火灾事故发生，必须加强对建筑施工临时用电的安全管理。国家主管部门制定并颁布的与建设工程施工用电相关的标准规范主要有中华人民共和国国家标准《建设工程施工现场供用电安全规范》GB 50194—2014，行业标准《施工现场临时用电安全技术规范》JGJ 46—2005 和《建筑施工安全检查标准》JGJ 59—2011。

建筑施工临时用电的安全管理有以下基本要求：

（1）施工现场临时用电设备在 5 台及以上或设备总容量在 50kW 及以上者，应编制临时用电组织设计。施工现场临时用电组织设计应包括下列内容：①现场勘测；②确定电源进线、变电所或配电室、配电装置、用电设备位置及线路走向；③进行负荷计算；④选择变压器；⑤设计配电系统：设计配电线路，选择导线或电缆；设计配电装置，选择电器；设计接地装置；绘制临时用电工程图纸，主要包括用电工程总平面图、配电装置布置图、配电系统接线图、接地装置设计图；⑥设计防雷装置；⑦确定防护措施；⑧制定安全用电措施和电气防火措施。

（2）施工现场临时用电设备在 5 台及以下和设备总容量在 50kW 及以下者，应制定安全用电和电气防火措施。

（3）电工必须经过按国家现行标准考核合格后，持证上岗工作。其他用电人员必须通过相关安全教育培训和技术交底，考核合格后方可上岗工作。

（4）安装、巡检、维修或拆除临时用电设备和线路，必须由电工完成，并应有人监护。电工等级应同工程的难易程度和技术复杂性相适应。

（5）各类用电人员应掌握安全用电基本知识和所用设备的性能，并应符合下列规定：①使用电气设备前必须按规定穿戴和配备好相应的劳动防护用品，并应检查电气装置和保护设施，严禁设备带"缺陷"运转；②保管和维护所用设备，发现问题及时报告解决；③暂时停用设备的开关箱必须分断电源隔离开关，并应关门上锁；④移动电气设备时，必须经电工切断电源并做妥善处理后进行。

（6）施工现场临时用电必须建立安全技术档案，并应包括下列内容：①用电组织设计的全部资料；②修改用电组织设计的资料；③用电技术交底资料；④用电工程检查验收表；⑤电气设备的试、检验凭单和调试记录；⑥接地电阻、绝缘电阻和漏电保护器漏电动作参数测定记录表；⑦定期检（复）查表；⑧电工安装、巡检、维修、拆除工作记录。

（7）临时用电工程应定期检查。定期检查时，应复查接地电阻值和绝缘电阻值。

（8）临时用电工程定期检查应按分部、分项工程进行，对安全隐患必须及时处理，并应履行复查验收手续。

2. 临时用电基本要求

（1）基本规定

施工现场临时用电工程专用的电源中性点直接接地的 220/380V 三相四线制低压电力系统。必须符合下列规定：

1）采用三级配电系统。

2）用 TN-S 接零保护系统。

3）采用二级漏电保护系统。

（2）三级配电系统

三级配电是指施工现场从电源进线开始至用电设备之间，应经过三级配电装置配送电力。按照《施工现场临时用电安全技术规范》JGJ 46—2005 的规定，即由总配电箱（一级箱）或配电室的配电柜开始，依次经由分配电箱（二级箱）、开关箱（三级箱）到用电设备。这种分三个层次逐级配送电力的系统就称为三级配电系统（图 1-28）。

三级配电系统（图 1-29）应遵守四项规则，即分级分路规则，动、照分设规则，压缩配电间距规则，环境安全规则。

1）分级分路规则

从一级总配电箱（配电柜）向二级分配电箱配电可以分路。即一个总配电箱（配电柜）可以分若干分路向若干分配电箱配电；每一分路也可分支支接若干分配电箱。从二级分配电箱向三级开关箱配电同样也可以分路。即一个分配电箱也可以分若干分路向若干开关箱配电，而其每一分路也可以支接或链接若干开关箱。

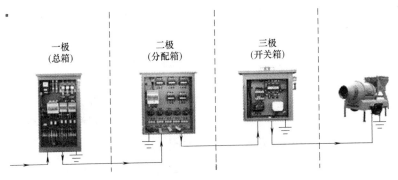

图 1-28 三级配电三级保护示意图

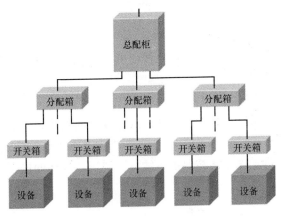

图 1-29 三级配电系统示意图

2）动照分设规则

动力配电箱与照明配电箱宜分别设置；若动力与照明合置于同一配电箱内共箱配电，则动力与照明应分路配电。动力开关箱与照明开关箱必须分箱设置。

3）压缩配电间距规则（图 1-30）

压缩配电间距规则是指除总配电箱、配电室（配电柜）外，分配电箱与开关箱之间，开关箱与用电设备之间的空间间距应尽量缩短。压缩配电间距规则可用以下要点说明：①分配电箱应设在用电设备或负荷相对集中的场所；②分配电箱与开关箱的距离不得超过30m；③开关箱与其供电的固定式用电设备的水平距离不宜超过3m。

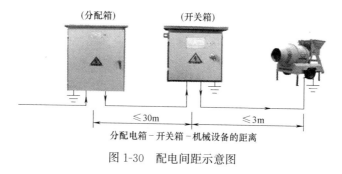

图 1-30 配电间距示意图

4）环境安全规则

环境安全规则是指配电系统对其设置和运行环境安全因素的要求。

（3）TN-S 系统（图 1-31）

在 TN 系统中，如果中性线或零线为两条线，其中一条零线用作工作零线，用 N 表示；另一条零线用作接地保护线，用 PE 表示，即将工作零线与保护零线分开使用，这样的接零保护系统称为 TN-S 系统。

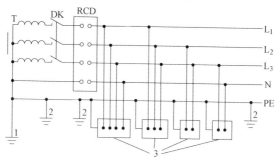

图 1-31 TN-S 系统

1—工作接地；2—PE线重复接地；3—电气设备金属外壳（正常不带电的外露可导电部分）；
L1、L2、L3—相线；N—工作零线；PE—保护零线；DK—总电源隔离开关；
RCD—总漏电保护器（兼有短路、过载、漏电保护功能的漏电断路器）

（4）二级漏电保护系统

二级漏电保护系统是指在施工现场基本供配电系统的总配电箱（配电柜）和开关箱首、末二级配电装置中，设置漏电保护器。其中，总配电箱（配电柜）中的漏电保护器可以设置于总路，也可以设置于各分路，但不必重复设置。

1）实行分级、分段漏电保护原则。实行分级、分段漏电保护的具体体现是合理选择总配电箱（配电柜）、开关箱中漏电保护器的额定漏电动作参数。

2）漏电保护器极数和线数必须与负荷的相数和线数保持一致。

3）漏电保护器必须与用电工程合理的接地系统配合使用，才能形成完备、可靠的防触电保护系统。

4）漏电保护器的电源进线类别（相线或零线）必须与其进线端标记一一对应，不允许交叉混接。更不允许将 PE 线当 N 线接入漏电保护器。

（5）接地接零保护

1）接地保护

接地是指设备与大地作电气连接或金属性连接。电气设备的接地，通常的方法是将金属导体埋入地中，并通过导体与设备作电气连接（金属性连接）。这种埋入地中直接与地接触的金属物体称为接地体，而连接设备与接地体的金属导体称为接地线，接地体与接地线的连接组合就称为接地装置。

接地装置是构成施工现场用电基本保护系统的主要组成部分之一，是施工现场用电工程的基础性安全装置。在施工现场用电工程中，电力变压器二次侧（低压侧）中性点要直接接地，PE线要作重复接地，高大建筑机械和高架金属设施要作防雷接地，产生静电的设备要作防静电接地。应当特别注意，金属燃气管道不能用作自然接地体或接地线，螺纹钢和铝板不能用作人工接地体。

接地按其作用分类可分为：功能性接地和保护性接地及兼有

功能和保护性的重复接地。

保护性接地：为防止电气设备的金属外壳因绝缘损坏带电而危及人、畜安全和设备安全，以及设置相应保护系统的需要，将电气设备正常不带电的金属外壳或其他金属结构接地，称为保护性接地。保护性接地分为保护接地、防雷接地、防静电接地等。

重复接地：在三相五线制系统中，为了增强接地保护系统接地的作用和效果，并提高其可靠性，在其接地线的另一处或多处再作接地（通过新增接地装置），称为重复接地（图1-32）。

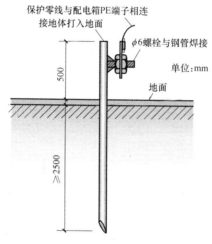

图1-32 重复接地示意图

2）接零保护

施工现场专用的中性点直接接地的电力线路中采用 TN-S 接零保护系统（图1-33）。电气设备的金属外壳必须与专用保护零线连接。专用保护零线由工作接地线、配电室的零线或第一级漏电保护器电源侧由零线引出。

接地接零保护安装要求：

① 施工现场不允许一部分设备作保护接零，另一部分作保护接地。

② 保护零线的截面不小于工作零线的截面，同时必须满足

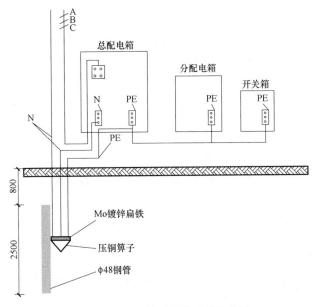

图 1-33　TN-S接零保护系统接线图

机械强度的要求。保护零线的颜色统一标志为黄绿双色线。在任何情况下禁止使用黄绿线作负荷线。

③ 施工现场的电力系统严禁利用大地作相线或零线。保护零线不得装设开关或熔断器重复接地线应与保护零线相接。

④ 电力变压器的工作接地电阻值不人于 4Ω。保护零线除必须在配电室或总配电箱处作重复接地外，还必须在配电线路的中间处和末端处做重复接地。电动机械的重复接地应符合有关规定。保护零线每一重复接地装置的接地电阻值应小于 10Ω。在工作接地电阻允许达到 10Ω 的电力系统中，所有重复接地的并联等值电阻应小于 10Ω。

3. 外电线路防护要求与安全距离

（1）在建工程不得在外电架空线路正下方施工、搭设作业棚、建造生活设施或堆放构件、架具、材料及其他杂物等。

（2）在建工程（含脚手架）的周边与外电架空线路的边线之

间的最小安全操作距离应符合表 1-7 规定。

在建工程（含脚手架）的周边与架空线路的边线之间的

最小安全操作距离　　　　　表 1-7

外电线路电压等级(kV)	<1	1~10	35~110	220	330~550
最小安全操作距离(m)	4.0	6.0	8.0	10	15

注：上、下脚手架的斜道不宜设在有外电线路的一侧。

（3）施工现场的机动车道与外电架空线路交叉时，架空线路的最低点与路面的最小垂直距离应符合表 1-8 规定。

施工现场的机动车道与架空线路交叉时的最小垂直距离

表 1-8

外电线路电压等级(kV)	<1	1~10	35
最小垂直距离(m)	6.0	7.0	7.0

（4）起重机严禁越过无防护设施的外电架空线路作业。在外电架空线路附近吊装时，起重机的任何部位或被吊物边缘在最大偏斜时与架空线路边线的最小安全距离应符合表 1-9 规定。

起重机与架空线路边线的最小安全距离　　表 1-9

电压(kV) 安全距离(m)	<1	10	35	110	220	330	500
沿垂直方向	1.5	3.0	4.0	5.0	6.0	7.0	8.5
沿水平方向	1.5	2.0	3.5	4.0	6.0	7.0	8.5

1.3　机械基础知识

1.3.1　概述

机械是机构和机器的总称。

1. 机器

机器是指由零部件组装成的装置，可以运转，用来代替人的劳动、作能量变换或产生有用功。机器一般由动力部分、传动部分、执行部分和控制部分组成。从能量角度定义，机器为利用或转换机械能的装置，将其他形式的能量转换为机械能的称原动机，如内燃机、蒸汽机、电动机等，利用机械能来完成有用功的称工作机，如各种机床、起重机、压缩机等。随着科学技术的发展，机器的概念也在不断地更新和变化。机器一般有以下三个共同的特征。

（1）机器由许多部件组合而成。

（2）机器构件之间具有确定的相对运动。

（3）机器能完成有用的机械功或者实现能量转换。例如：运输机能改变物体的空间位置，电动机能把电能转换成机械能等。

2. 机构

机构指由两个或两个以上构件通过活动连接形成的构件系统。机构和机器的区别是机构的主要功用在于传递或转变运动的形式，而机器的主要功用是为了利用机械能做功或能量转换。

3. 运动副

机构是由若干构件组合而成的，每个构件都以一定的方式与其他构件柱互相连接，这类连接不同于铆接和焊接等刚性连接，它能使相互连接的两构件之间存在着相对运动。这种使两构件直接接触而又能产生一定相对运动的连接就称为运动副。运动副可以分为高副和低副。

（1）低副

两构件之间为面与面的接触称为低副。低副一般有转动副、移动副等。

（2）高副

两构件之间为线与线或点与点的接触为高副。如齿轮副、凸轮等。

1.3.2　平面连杆机构

连杆机构的应用十分广泛，它不仅在众多的工农业机械和工程机械中得到广泛的应用，而且在诸如人造卫星太阳能板的展开机构、机械手的传动机构、折叠伞的收放机构及人体假肢等中也有连杆机构。例如图1-34所示的曲柄滑块机构，图1-35所示的鹤式起重机机构。

图1-34　曲柄滑块机构　　　　图1-35　鹤式起重机机构

连杆机构中的运动副一般均为低副。其运动副元素为面接触，压强较小，承载能力较大，润滑好，加工容易，对保证工作的可靠性有利。利用连杆机构还可以很方便的达到改变运动的传递方向、扩大行程、实现增力和远距离传动的目的。由于连杆机构的运动必须经过中间构件进行传递。因而传动路线较长，易产生较大的误差累积，同时也造成机械效率降低。

1.3.3　凸轮机构

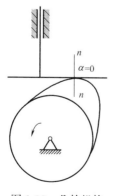

凸轮机构是一种常见的运动机构，它是由凸轮、从动件和机架组成的高副机构，如图1-36所示。当从动件的位移、速度和加速度必须严格地按照预定规律变化，尤其当原动件做连续运动而从动件必须作间歇运动时，则以采用凸轮机构最为简便。凸轮从动件的运动规律取决于凸轮的轮廓线或凹槽的形状，凸轮可将连续的旋转运动转化为往复的直线运动，可以实现复杂的运动规律。

图1-36　凸轮机构

1.3.4 齿轮机构

齿轮机构是在各种机构中应用最为广泛的一种传动机构。它依靠齿轮轮廓直接接触来传递空间任意两轴间的运动和动力，并具有传递功率范围大、传动效率高、传动比准确、使用寿命长、工作可靠等优点；但也存在对制造和安装精度要求高以及成本较高等缺点。

1. 齿轮机构的分类

齿轮机构的类型很多。对于由单一对齿轮组成的齿轮机构，依据两齿轮轴线相对位置的不同，齿轮机构可分为如下几类。

（1）用于平行轴间传动的齿轮机构

用于平行轴传动的圆形齿轮机构分为外啮合齿轮机构和内啮合齿轮机构。其中图 1-37（a）为外啮合齿轮机构，两轮转向相反；图 1-37（b）为内啮合齿轮机构，两轮转向相同。平行轴之间的齿轮传动制造简单，但是转速较高时容易产生启动载荷与噪声。

(a)　　　　　　　　　　　　(b)

图 1-37　用于平行轴传动的圆形齿轮机构

(a) 外啮合齿轮；(b) 内啮合齿轮

（2）用于相交轴间传动的齿轮机构

如图 1-38 所示为用于相交轴之间的齿轮传动。其中，曲线锥齿轮由于其传动平稳，承载能力高，常用于高速重载的传动中，如汽车、拖拉机、飞机等传动中。

（3）用于交错轴间传动的齿轮机构

由于工程实际的需要，常常需要在交错之间传递动力。最常用的就是蜗轮蜗杆机构如图 1-39 所示。

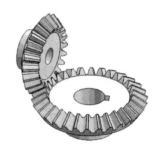

图 1-38　锥齿轮传动　　　　　图 1-39　蜗轮蜗杆传动

1）齿轮传动的优点

① 传动效率高，一般为 95％～98％，最高可达 99％。

② 结构紧凑、体积小，与带传动相比，外形尺寸大大减小，它的小齿轮与轴做成一体时直径只有 50mm 左右。

③ 工作可靠，使用寿命长。

④ 传动比固定不变，传递运动准确可靠。

⑤ 能实现平行轴间、相交轴间及空间相错轴间的多种传动。

2）齿轮传动的缺点

① 制造齿轮需要专门的机床、刀具和量具，工艺要求较严，对制造的精度要求高，因此成本较高。

② 齿轮传动一般不宜承受剧烈的冲击和过载。

③ 不宜用于中心距较大的场合。

2. 齿轮传动的失效形式

齿轮传动由于某种原因不能正常工作时，称为失效。常见的齿轮传动失效形式为齿面磨损、齿根折断、齿面胶合、齿面疲劳点蚀和齿面塑性变形五类。

（1）齿面磨损

齿面磨损是开式传动的主要失效形式，如图 1-40 所示。防止齿面磨损的主要措施有改善润滑和密封条件等。

(a)　　　　　　　　　　(b)

图 1-40　齿面磨损

(a) 齿面磨损实物图；(b) 齿面磨损示意图

（2）齿根折断

齿根折断分为全齿折断和局部折断，如图 1-41 所示为局部折断。全齿折断常发生于齿宽较小的直齿轮，局部折断常发生于齿宽较大的直齿轮和斜齿轮。防止齿根折断的措施有：增大齿根圆角半径；提高齿面精度、正变位、增大模数等。

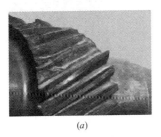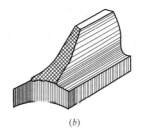

(a)　　　　　　　　　　(b)

图 1-41　齿根折断

(a) 齿根折断实物图；(b) 齿根折断示意图

（3）齿面胶合

齿面胶合产生的原因是由于齿轮持续运转，两齿轮的相对滑动，在齿轮表面撕成沟纹，如图 1-42 所示。防止齿面胶合的措施有：采用异种金属；降低齿高；提高齿面硬度等。

（4）齿面疲劳点蚀

齿面疲劳点蚀常发生于闭式软齿面（HBS≤350）传动中，

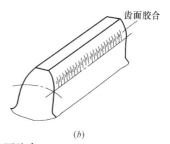

(a) (b)

图 1-42　齿面胶合

（a）齿面胶合实物图；（b）齿面胶合示意图

点蚀的形成与润滑油的存在密切相关，其常发生于偏向齿根的节线附近，开式传动中一般不会出现点蚀现象，如图 1-43 所示。防止齿面疲劳点蚀的措施有：提高齿面硬度；降低齿面粗糙度；增大润滑油黏度；采用合理变位等。

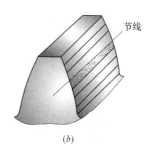

(a) (b)

图 1-43　齿面疲劳点蚀

（a）齿面疲劳点蚀实物图；（b）齿面疲劳点蚀示意图

（5）齿面塑性变形

齿面塑性变形产生的原因是由于较软齿面的齿轮在频繁起动和严重过载时，由于齿面受很大压力和摩擦力的作用，使齿面金属局部产生塑性变形，如图 1-44 所示。防止齿面塑性变形的措施有：提高齿面硬度；选用较高黏度的润滑油；避免频繁起动和严重过载等。

施工升降机的齿轮齿条传动由于润滑条件差，灰尘等研磨性微粒易落在齿面上，轮齿磨损快，且齿根产生的弯曲应力大，因此，齿面磨损和齿根折断是施工升降机齿轮齿条传动的失效形式。

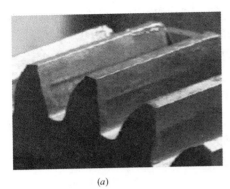
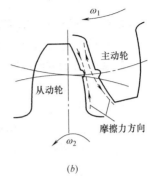

(a)   (b)

图 1-44　齿面塑性变形

（a）齿面塑性变形实物图；（b）齿面塑性变形产生过程示意图

3. 齿轮传动的润滑

普通减速机中，齿轮采用浸油、飞溅式润滑，轴承采用脂润滑。

因为普通减速机多采用轴承孔剖分式结构，在减速机输入轴、输出轴处，不易实现油封密封条件，一般是油毡密封、防尘，既满足使用，成本也低。对于重载、大功率减速机，轴承脂润滑已不能满足要求，需要开导油槽、导油孔，将飞溅到箱体内壁的润滑油收集、导入轴承处实现其润滑。

1.3.5　蜗杆传动

蜗杆传动用于传递交错轴之间的回转运动。在绝大多数情况下，两轴在空间是互相垂直的，轴交角为 90°，如图 1-45 所示。它广泛应用在机床、汽车、仪器、起重运输机械以及其他机械制造部门中。

1. 蜗杆传动分类

（1）按蜗杆形状不同可分为圆柱蜗杆传动、环面蜗杆传动、锥蜗杆传动三类。

图 1-45　蜗轮蜗杆传动

（2）按刀具加工位置不同，圆柱蜗杆又有阿基米德蜗杆、渐开线蜗杆、法向直廓蜗杆等多种。

（3）按蜗杆螺旋线方向不同有左旋和右旋之分。

2. 蜗杆传动的特点

（1）由于蜗杆的轮齿是连续不断的螺旋齿，故传动特别平稳，啮合冲击及噪声都小。所以在现代一些减速比不大的超静传动中也常采用蜗轮蜗杆传动。

（2）由于蜗杆的齿数少，故单级传动可获得较大的传动比，而且结构紧凑。

（3）由于蜗轮蜗杆啮合轮齿间的相对滑动速度较大，摩擦磨损大，传动效率低，易出现发热现象，故常用较贵的减摩材料来制造涡轮，成本较高。

（4）当蜗杆的导程角小于当量摩擦角时，机构反行程具有自锁性。在此情况下，只能由蜗杆带动涡轮，而不能由涡轮带动蜗杆。

3. 蜗杆传动的失效形式

蜗杆传动的失效形式和齿轮传动类似，有疲劳点蚀、轮齿折断等，图 1-46 所示为蜗杆的轮齿折断。

图 1-46 蜗杆的齿轮折断

在一般情况下蜗轮的强度较弱，所以失效总是在涡轮上发生。又由于蜗轮和蜗杆之间的相对滑动较大，更容易产生胶合和磨粒磨损。蜗轮轮齿的材料通常比蜗杆材料软的多，在发生胶合时，蜗轮表面金属粘到蜗杆的螺旋面上去，使蜗杆的工作齿面形成沟痕。在蜗杆传动中，点蚀通常只出现在蜗轮轮齿上。

1.3.6 轴与轮毂链接

1. 轴

轴是组成机器中的基本和主要的零件，一切做旋转运动的传动零件，都必须安装在轴上才能实现旋转和传递动力。轴要用滑动轴承或滚动轴承来支承。轴与轮毂之间的连接需要通过键、销来进行。

（1）常用轴的种类和应用特点

① 按轴的轴线形状不同，可以把轴分为曲轴和直轴两大类。

曲轴可以将旋转运动改变为直线运动或作往返的相对转换。直轴运动最为广泛，直轴按照其外形不同，可分为光轴和阶梯轴两种。

② 按照轴的所受载荷不同，可将轴分为心轴、转轴和传动轴三类。

（2）轴的结构

轴主要由轴颈、轴头、轴身和轴肩、轴环构成，如图1-47所示。

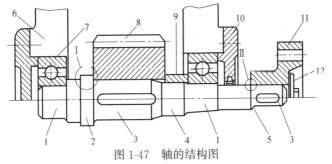

图1-47　轴的结构图

1—轴颈；2—轴环；3—轴头；4—轴身；5—轴肩；6—轴承座；7—滚动轴承；
8—齿轮；9—套筒；10—轴承盖；11—联轴器；12—轴端挡阻

① 轴颈

轴颈是指轴与轴承配合的轴段。轴颈的直径应符合轴承的内径系列。

② 轴头

轴头是指支承传动零件的轴段。轴头的直径必须与相配合零件的轮毂内径一致，并符合轴的标准直径系列。

③ 轴身

轴身是指连接轴颈和轴头的轴段。

④ 轴肩和轴环

轴肩和轴环是阶梯轴上截面变化之处。

2. 键连接

键连接是由零件的轮毂、轴和键组成。在各种机器上有很多转动零件，如齿轮、带轮、蜗轮、凸轮等，这些轮毂和轴大多采用平键连接或花键连接。键连接是一种应用很广泛的可拆连接，主要用于轴与轴上零件的周向相对固定，以传递运动或转矩。

（1）平键连接

平键连接如图 1-48 所示。装配时先将键放入轴的键槽中，然后推上零件的轮毂，构成平键连接。平键连接时，键的上顶面与轮毂键槽的底面之间留有间隙，键的两侧面与轴、轮毂键槽的侧面配合紧密，工作时依靠键和键槽侧面的挤压来传递运动和转矩，因此平键的侧面为工作面。

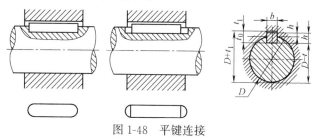

图 1-48 平键连接

（2）花键连接

在使用一个平键不能满足轴所传递的扭矩的要求时，可采用花键连接。花键连接由花键轴与花键套构成，如图 1-49 所示。常用传递大扭矩、要求有良好的导向性和对中性的场合。花键的齿形有矩形、三角形及渐开线齿形三种，矩形键加工方便，应用较广。

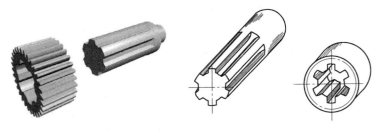

图 1-49　花键连接

（3）半圆键连接

半圆键的上表面为平面，下表面为半圆形弧面，两侧面互相平行。半圆键连接也是靠两侧工作面传递转矩的，如图 1-50 所示。

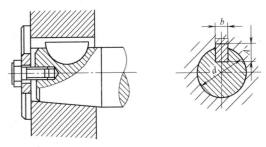

图 1-50　半圆键连接

3. 销连接

销连接用来固定零件间的相互位置，构成可拆连接，也可用于轴和轮毂或其他零件的连接以传递较小的载荷；有时还用作安全装置中的过载剪切元件。

销是标准件，其基本形式有圆柱销和圆锥销两种如图 1-51 所示。圆柱销连接不宜经常装拆，否则会降低定位精度或连接的紧固性。

销的类型按工作要求选择。用于连接的销，可根据连接的

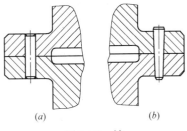

　　　　(a)　　　　　　　　(b)

图 1-51　销

(a) 圆柱销；(b) 圆锥销

结构特点按经验确定直径，必要时再作强度校核；定位销一般不受载荷或受很小载荷，其直径按结构确定，数目不得少于两个；安全销直径按销的剪切强度进行计算。

1.3.7 轴承

轴承是支撑轴径的部件，有时也可以用来支撑轴上的回转零件。是当代机械设备中一种重要零部件。它的主要功能是支撑机械旋转体，降低其运动过程中的摩擦系数并保证其回转精度。

根据轴承工作的摩擦性质，又可分为滑动摩擦轴承和滚动摩擦轴承。滑动轴承工作平稳、可靠，噪声较滚动轴承低。如果能够保证液体摩擦润滑，滑动表面被润滑油分开而不发生直接接触，则可以大大减少摩擦损失和表面磨损，且油膜具有一定的吸振能力。普通滑动轴承的启动摩擦阻力较滚动轴承大得多。

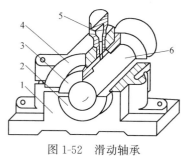

图 1-52　滑动轴承
1—轴承座；2、3—轴瓦；4—轴承盖；
5—润滑装置；6—轴颈

1. 滑动轴承

滑动轴承一般由轴承座、轴瓦（或轴套）、润滑装置和密封装置等部分组成，如图1-52所示。根据轴承所受载荷方向不同，可分为向心滑动轴承、推力滑动轴承和向心推力滑动轴承。

（1）滑动轴承的优点

① 与滚动轴承同等体积的载荷能力要大很多。

② 振动和噪声小，使用于精密度要求高，又不允许有振动的场合。

③ 对金属异物造成的影响较小，不易产生损坏。

（2）滑动轴承的缺点

① 摩擦系数大，功率消耗多。

② 不适于大批量生产，互换性不好，不便于安装、拆卸和

维修。

③ 内部间隙大，加工精度不高。

④ 传动效率低，发热量大，润滑维护不方便，耗费润滑剂。

2. 滚动轴承

滚动轴承是将运转的轴与轴座之间的滑动摩擦变为滚动摩擦，从而减少摩擦损失的一种精密的机械元件。滚动轴承一般由内圈、外圈、滚动体和保持架四部分组成如图 1-53 所示，内圈的作用是与轴相配合并与轴同时旋转；外圈作用是与轴承座相配合，起支撑作用；滚动体是借助于保持架均匀的将滚动体分布在内圈和外圈之间，其形状大小和数量直接影响着滚动轴承的使用性能和寿命；保持架能使滚动体均匀分布，引导滚动体旋转起润滑作用。

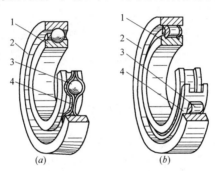

图 1-53　滚动轴承的构造

（a）球轴承；（b）滚子轴承

1—内圈；2—外圈；3—滚动体；4—保持架

按滚动体不同可以分为球轴承和滚子轴承两类；按承受载荷的类型可以分为：主要承受径向载荷的向心轴承，只能承受轴向载荷的推力轴承，能同时承受轴向载荷和径向载荷的向心推力轴承。

（1）滚动轴承的优点

① 滚动轴承的摩擦阻力小，因此功率损耗小，机械效率高，发热少，不需要大量润滑油来散热，易于维护和启动。

② 常用的滚动轴承已标准化，可直接选用，而滑动轴承一般均需自制。

③ 对于同样的轴颈，滚动轴承的宽度比滑动轴承小，可使机器的轴向结构紧凑。

④ 有些滚动轴承可同时承受径向和轴向两种载荷，这就简化了轴承的组合结构。

⑤ 滚动轴承不需用有色金属，对轴的材料和热处理要求不高。

（2）滚动轴承的缺点

① 承受冲击载荷的能力较差。

② 运转不够平稳，有轻微的振动。

③ 不能剖分装配，只能轴向整体装配。

④ 径向尺寸比滑动轴承大。

由于轴承使用的目的是减小摩擦功耗，降低磨损率，同时还可起到冷却防尘的作用。在使用过程中需要对轴承进行润滑。常用的润滑材料是润滑油和润滑脂。此外，有使用固体或气体作润滑剂的。

1.3.8 联轴器、离合器和制动器

1. 联轴器

联轴器又称联轴节，用来将不同机构中的主动轴和从动轴牢固地连接起来一同旋转，并传递运动和扭矩的机械部件。有时也用以连接轴与其他零件（如齿轮、带轮等）。常由两半合成，分别用键或紧配合等连接，紧固在两轴端，再通过某种方式将两半连接起来。

（1）联轴器的分类

联轴器按性能可分为刚性联轴器和弹性联轴器。

① 刚性联轴器

刚性联轴器不具有缓冲性和补偿两轴线相对位移的能力，要求两轴严格对中，但此类联轴器结构简单，制造成本较低，装拆、维护方便，能保证两轴有较高的对中性，传递转矩较大，应用广泛，如图 1-54 所示。常用的有凸缘联轴器、套筒联轴器和夹壳联轴器等。

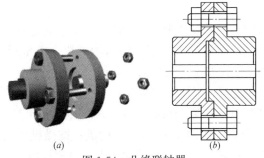

图 1-54　凸缘联轴器

(a) 凸缘联轴器实物图；(b) 凸缘联轴器结构图

② 弹性联轴器

弹性联轴器都具有缓和冲击的作用，如图 1-55 所示。用非金属弹性元件构成的弹性联轴器以及用金属弹性元件构成的、弹性元件间有摩擦作用的弹性联轴器，除有缓冲作用外，还有减振作用。

图 1-55　梅花形
弹性联轴器

（2）联轴器的选择

对于载荷平稳、转速稳定、同轴度好、无相对位移的可以选用刚性联轴器，有相对位移的需选用无弹性元件的挠性联轴器。载荷和速度不大、同轴度不易保证的宜选用定刚度弹性联轴器；载荷、速度变化较大的最好选用具有缓冲、减振作用的变刚度弹性联轴器。对于动载荷较大的机器，宜选用重量轻、转动惯量小的联轴器。对联轴器的其他要求是：拆装方便、尺寸较小、质量较轻、维护简单。联轴器的安装位置宜尽量靠近轴承。

2. 离合器

离合器一般由主动部分、从动部分、接合部分、操纵部分等组成。主动部分与主动轴固定连接，主动部分还常用于安装接合元件。从动部分有的与从动轴固定连接，有的可以相对于从动轴做轴向移动并与操纵部分相连，从动部分上安装有接合元件。操纵部分控制接合元件的接合与分离，以实现两轴间转动和转矩的传递或中断。

离合器应满足的基本要求是：①分离、接合迅速，平稳无冲击，分离彻底，动作准确可靠；②结构简单，重量轻，惯性小，外形尺寸小，工作安全，效率高；③接合元件耐磨性好，使用寿命长，散热条件好；④操纵方便省力，制造容易，调整维修方便。

离合器按其工作原理可分为嵌入式离合器（如图 1-56 所示）和摩擦式离合器（如图 1-57 所示）两类；按操纵方式可分为机械式、电磁式、液压式和气压式离合器，电磁式离合器在自动化机械中作为控制转动的元件而被广泛应用；按控制方式不同离合器可分为操纵式和自动式，自动式离合器有超越离合器、离心离合器和安全离合器等，能够在特定的工作条件下（如一定的转矩、转速或回转方向）自动接合与分离。

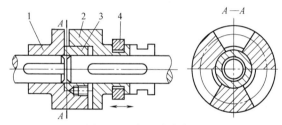

图 1-56　嵌入式离合器

1、2—半离合器；3—对中环；4—滑环

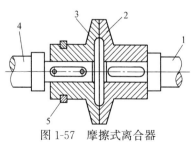

图 1-57　摩擦式离合器

1—主动轴；2—主动盘；3—从动盘；

4—从动轴；5—滑环

3. 制动器

制动器是用于机构或机器减速或使其停止的装置，是各类起重机械不可缺少的组成部分，它既是起重机的控制装置，又是安全装置。其工作原理是：制动器摩擦副中的一组与固定机架相连；另一组与机构转动轴相连。当摩擦副接触压紧时，产生制动作用；当摩擦副分离时，制动作用解除，机构可以运动。

制动器因现代工业机械的发展而出现多种新的结构型式，其中钳盘式制动器、磁粉制动器以及电磁制动器的应用最为广泛。具体分类如下：

（1）摩擦式制动器，它可分为盘式制动器、带式制动器（如图 1-58 所示）、内涨式制动器（如图 1-59 所示）、外抱块式制动器（如图 1-60 所示）、综合带式制动器、双蹄式制动器、多蹄式制动器、简单带式制动器、单盘式制动器、多盘式制动器、固定钳式制动器、浮动式制动器等。

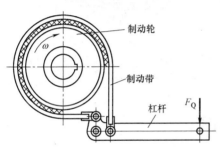

图 1-58　带式制动器

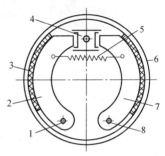

图 1-59　内涨式制动器

1、8—销轴；2、7—制动蹄；
3—摩擦片；4—泵；
5—弹簧；6—制动轮

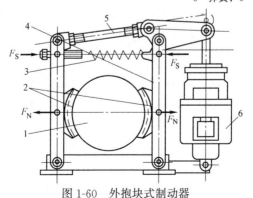

图 1-60　外抱块式制动器

1—制动轮；2—闸瓦块；3—主弹簧；4—制动臂；5—推杆；6—松闸器

57

（2）非摩擦式制动器，它可分为磁粉制动器、磁涡流制动器、水涡流制动器等。

建筑机械中最常用的有液压推杆制动器和电磁制动器，见图1-61所示。

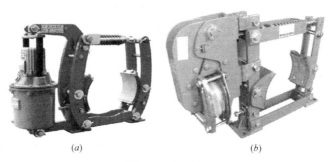

（a） （b）

图1-61 制动器

（a）液压推杆制动器；（b）电磁制动器

1.4 液压传动基础知识

1.4.1 液压传动的工作原理及特征

1. 液压传动工作原理

液压系统利用液压泵将原动机的机械能转换为液体的压力能，通过液体压力能的变化来传递能量，经过各种控制阀和管路的传递，借助于液压执行元件（液压缸或马达）把液体压力能转换为机械能，从而驱动工作机构，实现直线往复运动和回转运动。

2. 液压传动的优缺点

（1）液压传动的优点

① 液压传动能在运动中实现无级调速，调速方便且调速范围较大。

② 在同等功率的情况下液压传动装置体积较小，重量轻，惯性小。

③ 液压传动工作平稳，反应快，冲击小，能高速启动、制动、换向。

④ 液压传动装置的控制、调节比较简单，操纵方便省力。

⑤ 液压系统容易实现过载保护，寿命比较长。

⑥ 液压系统易于实现回转运动、直线运动，且元件排列布置灵活。

（2）液压传动的缺点

① 工作介质为液体，容易泄露。传动比不准确。

② 传动中机械损失较大，效率较低，不宜远距离传输。

③ 不宜在低温高温下使用，对污染很敏感。

④ 液压元件制造精度高，造价高，需要专门生产。

总的来说，液压传动优点比较多，缺点也正随着生产技术的发展而逐渐加以克服，因此液压传动在现代化生产中有着广阔的发展前景。

1.4.2 液压系统的组成

液压传动系统主要有五个方面组成：

（1）能源装置

把机械能转变成油液的压力能，最常见的是液压泵，它给液压系统提供压力油，让整个系统能够动作起来。

（2）执行装置

执行装置将油液压力能转变成机械能，并对外做功，如液压缸、液压马达等。

（3）控制调节装置

控制调节装置功能是控制液压系统中油液的压力、流量和运动方向，包括各种液压阀。

（4）辅助装置

辅助装置对保证液压系统可靠、稳定、持久的工作起着重要作用，包括油箱、滤油器、油管及管接头、密封圈、快换接头等。

（5）工作介质

液压传动系统的工作介质主要为液压油或其他合成液体。

1. 液压泵

液压泵一般有齿轮泵、叶片泵和柱塞泵等几个种类。

柱塞泵是靠柱塞在液压缸中往复运动造成容积变化来完成吸油与压油的。柱塞泵是液压系统中最常见的泵，应用范围较广。

轴向柱塞泵是柱塞中心线互相平行于缸体轴线的一种泵，有斜盘式和斜轴式两类。斜盘式的缸体与传动轴在同一轴线，斜盘与传动轴成一倾斜角，它可以是缸体转动，也可以是斜盘转动如图 1-62 所示。

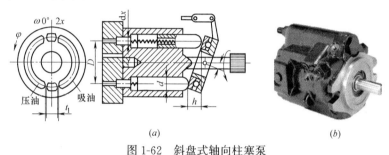

(a)　　　　　　　　　　(b)

图 1-62　斜盘式轴向柱塞泵

(a) 斜盘式轴向柱塞泵结构图；(b) 斜盘式轴向柱塞泵实物图

斜轴式的则为缸体相对传动轴轴线成一倾斜角。轴向柱塞泵具有结构紧凑，径向尺寸小，惯性小，容积效率高，压力高等优点，然而轴向尺寸大，结构也比较复杂，如图 1-63 所示。轴向柱塞泵在高工作压力的设备中应用很广。

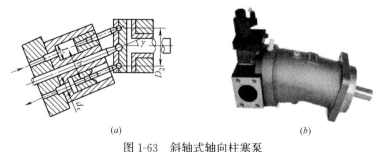

(a)　　　　　　　　　　(b)

图 1-63　斜轴式轴向柱塞泵

(a) 斜轴式轴向柱塞泵结构图；(b) 斜轴式轴向柱塞泵实物图

2. 液压缸

液压缸是液压系统的执行元件，如图 1-64 所示。它的职能是将液压能转换成机械能。液压缸的输入量是液体的流量和压力，输出量是直线速度和力。液压缸的活塞能完成往复直线运动，输出有限的直线位移。

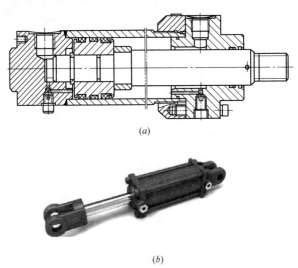

(a)

(b)

图 1-64　直线式液压缸
(a) 直线式液压缸结构图；(b) 直线式液压缸实物图

3. 液压马达

液压马达是将压力能转换成机械能的转换装置，如图 1-65 所示。与液压缸不同的是，液压马达是以转动的形式输出机械能。液压马达有齿轮式、叶片式和柱塞式之分。液压马达和液压泵从原理上讲，它们是可逆的。当电动机带动其转动时由其输出压力能，即为液压泵。而当压力油输入其中，由其输出机械能，则是液压马达。

4. 控制元件

在液压系统中，控制元件是控制和调节液流的压力、流量和流向的元件。液压阀的品种已经达到几百个品种，从不同角度分

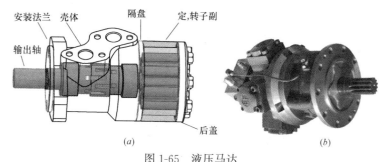

安装法兰 壳体 隔盘 定,转子副

输出轴

后盖

(a)

(b)

图 1-65　液压马达

(a) 液压马达结构图；(b) 液压马达实物图

析液压阀有不同的分类。按用途可以分为方向控制阀、压力控制阀、流量控制阀；按工作原理可以分为比例式和伺服式元件。按组合形式可分为单一阀和组合阀等。

（1）液压锁

液压锁是由两个液控单向阀组成，能够把回路锁住，不让回路油液有流动，以保证油缸即使在外界有一定载荷的情况下仍能保持其位置静止不动，如图 1-66 所示。

（2）溢流阀

溢流阀是一种液压压力控制阀，通过阀口的溢流，使被控制系统压力维持恒定，实现稳压、调压或限压作用，如图 1-67 所示。它依靠弹簧力和油的压力的平衡来实现液压泵供油压力的调节。

图 1-66　液压锁

图 1-67　溢流阀

（3）减压阀

减压阀是一种利用液流流过缝隙产生压降的原理，使出口油

压低于进口油压的压力控制
阀，以满足执行机构的需要，
如图 1-68 所示。减压阀有直
动式和先导式两种，一般采
用先导式。减压阀常用于夹
紧回路、润滑系统中。

图 1-68　减压阀

（4）顺序阀

顺序阀是用来控制液压系统中减压阀或两个以上工作机构的
先后顺序。顺序阀串联于油路上，它是利用系统中的压力变化来
控制油路通断的。如图 1-69 所示。

（5）换向阀

换向阀是借助于阀芯与阀体之间的相对运动来改变油液流动
方向的阀类，如图 1-70 所示。

图 1-69　顺序阀

图 1-70　手动换向阀

按阀芯相对于阀体的运动方式不同，换向阀可分为滑阀（阀
芯移动）和转阀（阀芯转动）。按阀体连通的主要油路数不同，
换向阀可分为二通、三通、四通等；按阀芯在阀体内的工作位置
数不同，换向阀可分为二位、三位、四位等；按操作方式不同，
换向阀可分为手动、机动、电磁动、液动、电液动等。换向阀阀
芯定位方式分为钢球定位和弹簧复位两种。

如图 1-71 所示，阀芯有三个工作位置（左、中、右称为三
位），阀体上有四个通路 O、A、B、P 称为四通 P 为进油口，O
为回油口，A、B 为通往执行元件两端的油口，此阀称为三位四

通阀。当阀芯处于中位时（a），各通道均堵住。液压缸两腔既不能进油，又不能回油，此时活塞锁住不动。当阀芯处于右位时（图（b）），压力油从 P 口流入，A 口流出；回油从 B 口流入，O 口流回油箱。当阀芯处于左位时 E（图（c）），压力油从 P 口流入，B 口流出；回油由 A 口流入，O 口流回油箱（图（d））为三位四通阀的图形符号。

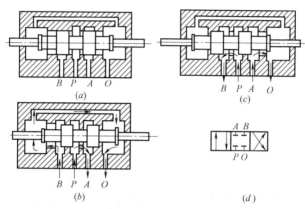

图 1-71　三位四通阀工作原理图

（a）滑阀处于中位；（b）滑阀处于右位；（c）滑阀处于左位；（d）图形符号

图 1-72　节流阀

（6）流量控制阀

流量控制阀是通过改变液流的通流截面来控制系统工作流量，以改变执行元件运动速度的阀，简称流量阀。常用的流量阀有节流阀（如图 1-72 所示）和调速阀等。

5. 液压辅件

（1）油管和管接头

① 油管

油管的作用是连接液压元件和输送液压油。在液压系统中常用的油管有钢管、铜管、塑料管、尼龙管和橡胶软管，可根据具体用途进行选择。

② 管接头

管接头用于油管与油管、油管与液压件之间的连接。管接头按通路数可分为直通、直角、三通等形式，按接头连接方式可分为焊接式、卡套式、管端扩口式和扣压式等形式。按连接油管的材质可分为钢管管接头、金属软管管接头和胶管管接头等。我国已有管接头标准，使用时可根据具体情况，选择使用。

（2）油箱

油箱主要功能是储油、散热及分离油液中的空气和杂质。油箱的结构如图1-73所示，形状根据主机总体布置而定。它通常用钢板焊接而成，吸油侧和回油侧之间有两个隔板7和9，将两区分开，以改善散热并使杂质多沉淀在回油管一侧。吸油管1和回油管4应尽量远离，但距箱边应大于管径的

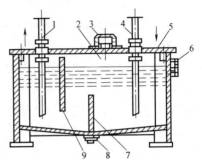

图1-73　油箱结构示意图
1—吸油管；2—加油孔；3—通气罩；
4—回油管；5—箱盖；6—油标；
7、9—隔板；8—放油塞

三倍。加油用滤网2设在回油管一侧的上部，兼起过滤空气的作用。盖上面装有通气罩3。为便于放油，油箱底面有适当的斜度，并设有放油塞8，油箱侧面设有油标6，以观察油面高度。当需要彻底清洗油箱时，可将箱盖5卸开。

油箱容积主要根据散热要求来确定，同时还必须考虑机械在停止工作时系统油液在自重作用下能全部返回油箱。

（3）滤油器

滤油器的作用是分离油中的杂质，使系统中的液压油经常保持清洁，以提高系统工作的可靠性和液压元件的寿命，如图1-74所示。液压系统中的所有故障80%左右是因污染的油液引起的，因此液压系统所用的油液必须经过滤，并在使用过程中要保持

油液清洁。油液的过滤一般都先经过沉淀，然后经滤油器过滤。

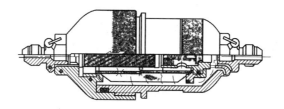

图 1-74　滤油器

滤油器按过滤情况可分为粗滤油器、普通滤油器、精滤油器和特精滤油器。按结构可分为网式、线隙式、烧结式、纸芯式和磁性滤油器等形式。滤油器可以安装在液压泵的吸油口、出油口以及重要元件的前面。通常情况下，泵的吸油口装粗滤油器，泵的出油口和重要元件前装精滤油器。滤油器的基本要求是过滤精度（滤油器滤芯滤去杂质的粒度大小）满足设计要求；过滤能力（即一定压降下允许通过滤油器的最大流量）满足设计要求；滤油器应有一定的机械强度，不会因液压力作用而破坏；滤芯抗腐蚀能力强，并能在一定的温度范围内持久工作。滤芯要便于清洗和更换，便于装拆和维护。

（4）液压油

液压油是液压系统的工作介质，也是液压元件的润滑剂和冷却剂。液压油的性质对液压传动性能有明显的影响。因此在选用液压油时应注意液压油的黏度随温度变化的性能、抗磨损性、抗氧化安定性、抗乳化性、抗剪切安定性、抗泡沫性、抗燃性、抗橡胶溶胀性、防锈性等。液压油的性质的不同，其价格也相差很大。在选择液压油时应根据设备说明书的规定并结合使用环境选用合适的液压油。

1.4.3　液压系统的使用与维护

（1）油箱在第一次加满油后，经开机运转应向油箱内进行二次加油，并使液压油至油位观察窗上限，以确保油箱内有足够的油液循环。在使用过程中由于液压油氧化变质,各种理化性能下降。因此,应及时更换液压油。

其换油周期可按以下几种方法确定:

1)综合分析测定法

综合分析测定法是依靠化验仪器定期取样测定主要理化性能指标,连续监控油的变质状况。

2)固定周期换油法

固定周期换油法是指按液压系统累计运转小时数换油。通常按使用说明书要求的周期进行更换。

3)经验判断法

通过采集油样与新油相比进行外观检查,观看油液有无颜色、水分、沉淀、泡沫、异味、黏度等差异,综合各类情况做出外观判断与处理。当液压油变成乳白色,或混入空气或水,应分离水气或换油;当液压油中有小黑点,或发现混入杂质、金属粉末,应过滤或换油;当液压油变成黑褐色,或有臭味、氧化变质,应全部换油。

(2)定期清洗或更换滤芯。滤油器经过一定时间的使用,固体杂质会严重的堵塞滤芯,影响过滤能力,使液压泵产生噪声或液压油温度升高。从而使液压系统不正常。因此要根据滤油器的具体使用条件定制清洗剂或更换滤芯。

1.5 钢结构基础知识

1.5.1 钢结构的特点

钢结构主要是由钢板和型钢等制成的钢梁、钢柱、钢桁架等构件通过焊缝、螺栓或铆钉连接而成的能承受和传递载荷的结构形式。它是建筑工程中普通的结构形式之一,也是建筑起重机械的重要组成部分。钢结构与其他结构相比,具有以下特点:

(1)材料强度高,自身重量轻

钢材强度较高，弹性模量也高。与混凝土和木材相比，其密度与屈服强度的比值相对较低，因而在同样受力条件下钢结构的构件截面小，自重轻，便于运输和安装，适于跨度大，高度高，承载重的结构。

（2）钢材韧性、塑性好，材质均匀，结构可靠性高

适于承受冲击和动力荷载，具有良好的抗震性能。钢材内部组织结构均匀，近于各向同性匀质体。钢结构的实际工作性能比较符合计算理论。所以钢结构可靠性高。

（3）钢结构制造安装机械化程度高

钢结构构件便于在工厂制造、工地拼装。工厂机械化制造钢结构构件成品精度高、生产效率高、工地拼装速度快、工期短。钢结构是工业化程度最高的一种结构。

（4）钢结构耐热不耐火

当温度在150℃以下时，钢材性质变化很小。因而钢结构适用于热车间，但结构表面受150℃左右的热辐射时，要采用隔热板加以保护。温度在300～400℃时，钢材强度和弹性模量均显著下降，温度在600℃左右时，钢材的强度趋于零。在有特殊防火需求的建筑中，钢结构必须采用耐火材料加以保护以提高耐火等级。

（5）钢结构耐腐蚀性差

特别是在潮湿和腐蚀性介质的环境中，容易锈蚀。一般钢结构要除锈、镀锌或涂料，且要定期维护。对处于海水中的海洋平台结构，需采用"锌块阳极保护"等特殊措施予以防腐蚀。

（6）低碳、节能、绿色环保，可重复利用

钢结构建筑拆除几乎不会产生建筑垃圾，钢材可以回收再利用。

1.5.2　钢结构的材料

钢结构在使用过程中会受到各种形式的作用（荷载、基础不均匀沉降、温度等），所以要求钢材应具有良好的机械性能（强

度、塑性、韧性）和加工性能（冷热加工和焊接性能），以保证结构安全可靠。钢材的种类很多，符合钢结构要求的只是少数几种，如碳素钢中的 Q235，低合金钢中的 Q345 等。

通碳素钢 Q235 系列钢，强度、塑性、韧性及可焊性都比较好，是建筑起重机械使用的主要钢材。

低合金钢 Q345 系列钢，是在普通碳素钢中加入少量的合金元素炼成的。其力学性能好，强度高，对低温的敏感性不高，耐腐蚀性能较强，焊接性能也好，用于受力较大的结构中可节省钢材，减轻结构自重。

型钢和钢板是制造钢结构的主要钢材。钢材有热轧成型及冷轧成型两类。热轧成型的钢材主要有型钢及钢板，冷轧成型的有薄壁型钢及钢管。

按照国家标准规定，型钢和钢板均具有相关的断面形状和尺寸。

1. H 型钢

H 型钢规格以高度（mm）×宽度（mm）表示，目前生产的 H 型钢规格 100mm×100mm～800mm×300mm 或宽翼 427mm×400mm，厚度（指主筋壁厚）6～20mm，长度 6～18m。

2. 热轧钢板

厚钢板，厚度 4.5～60mm，宽度 600～3000mm，长 4～12m；
薄钢板，厚度 0.35～4.0mm，宽度 500～1500mm，长 1～6m；
扁钢，厚度 4.0～60mm，宽度 12～200mm，长 3～9m；
花纹钢板，厚度 2.5～8mm，宽度 600～1800mm，长 4～12m。

3. 角钢

分等边与不等边两种。角钢是以其边宽来编号的，例如 10 号角钢的两个边宽均为 100mm；10/8 号角钢的边宽分别为 100mm 及 80mm。同一号码的角钢厚度可以不同，我国生产的角钢的长度一般为 4～19m。

4. 槽钢

分普通槽钢和普通低合金轻型槽钢。其型号是以截面高度

（cm）来表示的。例如 20 号槽钢的断面高度均为 20cm。我国生产的槽钢一般长度为 5～19m，最大型号为 40 号。

5. 工字钢

分普通工字钢和普通低合金工字钢。因其腹板厚度不同，可分为 a、b、c 三类，型号也是用截面高度（cm）来表示的。我国生产的工字钢长度一般为 5～19m，最大型号 63 号。

6. 钢管

规格以外径表示，我国生产的无缝钢管外径约 38～325mm，壁厚 4～40mm，长度 4～12.5m。

7. 冷弯薄壁型钢

冷弯薄壁型钢是用冷轧钢板、钢带或其他轻合金材料在常温下经模压或弯制冷加工而成的。用冷弯薄壁型钢制成的钢结构，重量轻，省材料，截面尺寸又可以自行设计，目前在轻型的建筑结构中已得到应用。

1.5.3 钢材的特性

1. 在单向应力下的钢材的塑性

钢材的主要强度指标和多项性能指标是通过单向拉伸试验获得的。试验一般是在标准条件下进行的，即采用符合国家标准规定形式和尺寸的标准试件，在室温 20℃左右，按规定的加载速度在拉力试验机上进行。

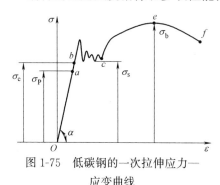

图 1-75 低碳钢的一次拉伸应力—应变曲线

σ_P——比例极限；σ_e——弹性极限；

σ_s——屈服极限；σ_b——强度极限

图 1-75 所示为低碳钢的一次拉伸应力—应变曲线。钢材具有明显的弹性阶段（oa 段）、弹塑性阶段（ab 段）、塑性阶段（bc 段）及应变硬化阶段（ce 段）。

在弹性阶段，钢材的应力与应变成正比，服从虎克定律。这时变形属弹性变形。当应力释放后，钢材能够恢复原状。弹性阶段是钢材工作的主要阶段。直线 Oa 的最高点 a 所对应的应力用 σ_P 表示，称为比例极限。可见，当应力低于比例极限时，应力与应变成正比。

在弹塑性阶段、塑性阶段，应力不再上升而变形发展很快。当应力释放之后，将遗留不能恢复的变形。这种变形属弹塑性、塑性变形。这种过大的永久变形虽不是结构的真正破坏，但却使它丧失正常工作能力。从 a 点到 b 点，图线 ab 稍微偏离直线 Oa，正应力 σ 和线应变 ε 不再保持正比关系，但变形仍然是弹性的，即卸除拉力后变形将完全消失。b 点所对应的应力是材料只产生弹性变形的最高应力，称为弹性极限，用 σ_e 表示。当应力超过 b 点增加到某一数值，应力会出现突然下降，然后在很小的范围内上下波动。这种应力先下降、后基本保持不变，而应变显著增加的现象，称为屈服或流动。屈服点 C 处的极限 σ_s 称为屈服极限。在建筑机械的结构计算中，把屈服点 σ_s 近似地看成钢材由弹性变形转入塑性变形的转折点，并将作为钢结构容许达到的极限应力。对于受拉杆件，只允许在 σ_s 以下的范围内工作。

在应变硬化阶段，当继续加载时，钢材的强度又有显著提高，塑性变形也显著增大（应力与应变已不服从虎克定律），随后将会发生破坏，钢材真正破坏时的强度为抗拉强度 σ_b。

由此可见，从屈服点到破坏，钢材仍有着较大的强度储备，从而增加了结构的可靠性。

钢材在发展到很大的塑性变形之后才出现的破坏，称为塑性破坏。结构在简单的拉伸、弯曲、剪切和扭转的情况下工作时，通常是先发展塑性变形，而后才导致破坏。由于钢材达到塑性破坏时的变形比弹性变形大得多。因此，在一般情况下钢结构产生塑性破坏的可能性不大。即便出现这种情形，事前也易被察觉，能对结构及时采取补强工作。

2. 钢材的脆性

脆性破坏的特征是在破坏之前钢材的塑性变形很不明显，有时甚至是在应力小于屈服点的情况下突然发生，这种破坏形式对结构的危害比较大。影响钢材脆断的因素是多方面的：

（1）低温的影响

当温度到达某一低温后，钢材就处于脆性状态，冲击韧性很不稳定。钢种不同，冷脆温度也不同。

（2）应力集中的影响

如钢材存在缺陷（气孔、裂纹、夹杂等），或者结构具有孔洞、开槽、凹角、厚度变化以及制造过程中带来的损伤，都会导致材料截面中的应力不再保持均匀分布，在这些缺陷、孔槽或损伤处，将产生局部的高峰应力，形成应力集中。

（3）加工硬化（残余应力）的影响

钢材经过了弯曲、冷压、冲孔、剪裁等加工之后，会产生局部或整体硬化，降低塑性和韧性，加速时效变脆，这种现象称加工硬化（或冷作硬化）。

热轧型钢在冷却过程中，在截面突变处如尖角、边缘及薄细部位，率先冷却，其他部位渐次冷却，先冷却部位约束阻止后冷却部位的自由收缩，产生复杂的热轧残余应力分布。不同形状和尺寸规格的型钢残余应力分布不同。

（4）焊接的影响

钢结构的脆性破坏，在焊接结构中常常发生。焊接引起钢材变脆的原因是多方面的，其中主要是焊接温度的影响。由于焊接时焊缝附近的温度很高，在热影响区域，经过高温和冷却的过程，使钢材的组织构造和机械性能起了变化，促使钢材脆化。钢材经过气割或焊接后，由于不均匀的加热和冷却，将引起残余应力。残余应力是自相平衡的应力，退火处理后可部分乃至全部消除。

3. 钢材的疲劳性

钢材在连续反复荷载作用下，虽然应力还低于抗拉强度甚至屈服点，也会发生破坏，这种破坏属疲劳破坏。

疲劳破坏属于一种脆性破坏。疲劳破坏时所能达到的最大应力，将随荷载重复次数的增加而降低。钢材的疲劳强度采用疲劳试验来确定，各类起重机都有其规定的荷载疲劳循环次数值尚不破坏的应力值为其疲劳强度。

影响钢材疲劳强度的因素相当复杂，它与钢材种类、应力大小变化幅度、结构的连接和构造情况等有关。建筑机械的钢结构多承受动力荷载，对于重级以及个别中级工作类型的机械，须考虑疲劳的影响，并作疲劳强度的计算。

1.5.4　钢结构的连接

钢结构通常是由多个杆件以一定的方式互相连接而组成的。钢结构连接常用焊缝连接、螺栓连接或铆钉连接。螺栓连接又分普通螺栓连接和高强度螺栓连接。

1. 焊接连接

焊接连接的构造简单，任何形式的构件都可直接相连；用料经济，不削弱界面；制作加工方便，可实现自动化操作；连接的密闭性好，结构刚度大。但在焊缝附近的热影响区内，钢材的金相组织发生改变，导致局部材质变脆；焊接残余应力和残余变形使受压构件承载力降低；焊接结构对裂纹很敏感，局部裂纹一旦萌生，就很容易扩展到整个构件截面，低温冷脆问题突出。

焊接连接广泛应用于结构件的组成，如塔式起重机的塔身、起重臂、回转平台等钢结构部件；施工升降机的吊笼、导轨架；高处作业吊篮的吊篮作业平台、悬挂机构等。焊缝连接也用于长期或永久性的固接，如钢结构的建筑物；也可用于临时单件结构的定位。

（1）常见的焊接接头形式

常用的焊接接头有对接接头、T形接头、十字接头、搭接接头、角接接头、端接接头、套管接头、斜对接接头、卷边接头、锁底对接接头等。

将同一平面上的两个被焊工件的边缘相对焊接起来而形成的

接头称为对接接头。如图 1-76 所示。它是各种焊接结构中采用最多、也是最完善的一种接头形式，具有受力好、强度大和节省金属材料的特点。

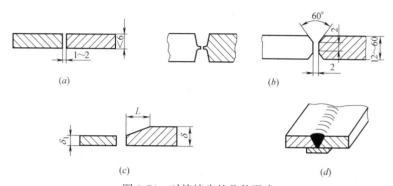

图 1-76 对接接头的几种形式

（a）不开坡口的对接接头；（b）开坡口的对接接头；

（c）削薄对接接头；（d）带垫板的对接接头

将相互垂直的被连接件用角焊缝连接起来的接头称为 T 形（十字）接头。如图 1-77 所示。T 形（十字）接头能承受各种方向的力和力矩。T 形接头是各种箱型结构中最常见的接头形式，在压力容器制造中，插入式管子与筒体的连接、人孔加强圈与筒体的连接等也都属于这一类。

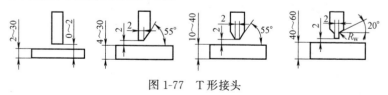

图 1-77 T 形接头

两块板料相叠，而在端部或侧面进行角焊，或加上塞焊缝、槽焊缝连接的接头称为搭接接头，如图 1-78 所示。在搭接接头中，根据搭接角焊缝受力方向的不同，可以将搭接角焊缝分为正面角焊缝、侧面角焊缝和斜向角焊缝。

搭接接头除两钢板叠在端面或侧面焊接外，还有开槽焊和塞焊（圆孔和长孔）等。开槽焊搭接接头的构造如图 1-79 所示。

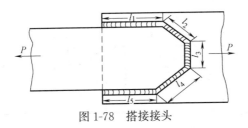

图 1-78 搭接接头

先将被连接件冲切成槽，然后用焊缝金属填满该槽，槽焊焊缝断面为矩形，其宽为被连接件厚度的两倍，开槽长度应比搭接长度稍短一些。塞焊是在被连接的钢板上钻孔来代替槽焊的槽，用焊缝金属将孔填满使两板连接起来，塞焊可分为圆孔内塞焊和长孔内塞焊两种，如图 1-79 所示。

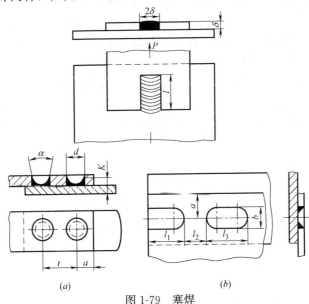

图 1-79 塞焊

(a) 圆孔内塞焊；(b) 长孔内塞焊

两钢板成一定角度，在钢板边缘焊接的接头称为角接接头。如图 1-80 所示。角接头多用于箱形构件，骑座式管接头和筒体的连接，小型锅炉中火筒和封头连接也属于这种形式。

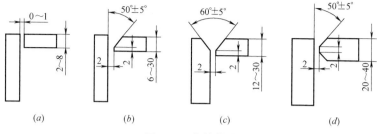

(a) *(b)* *(c)* *(d)*

图 1-80　角接接头

（*a*）不开坡口；（*b*）单边 V 形坡口；（*c*）V 形坡口；（*d*）K 形坡口

（2）常见焊缝缺陷

① 焊缝冷叠加

观察焊道之间以及焊缝和基材之间是否存在尖锐的缝隙，冷叠加一般发生在多道焊的角焊缝上，如图 1-81 所示。可以通过打磨或者其他方式去除不良的焊缝段，重新焊接解决此缺陷。

② 焊缝单侧焊透

从外观上不能做出有效判断，在观察剖切面时发现零件一侧有熔透一侧未熔透的现象，如图 1-82 所示。可通过打磨或者其他方式去除不良的焊缝段，重新调整焊枪的指向、增加焊接电流电压重新焊接。

③ 焊缝未焊透

从外观上不能做出有效判断，在观察剖切面时发现零件未融合的现象，如图 1-83 所示。可通过打磨或者其他方式去除不良的焊缝段，增加焊接电流电压、降低焊接速度焊接解决。

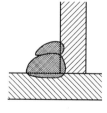

图 1-81　焊缝冷叠加

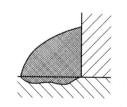

图 1-82　焊缝单侧焊透

④ 焊道间未融合

从外观上不能做出有效判断，在观察剖切面时发现焊道之间未融合的现象，如图 1-84 所示。可通过打磨或者其他方式去除不良的焊缝段，增加焊接电流电压、降低焊接速度焊接，焊道间保持持续焊接解决。

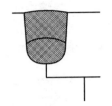

图 1-83　焊缝未焊透　　　　　图 1-84　焊道间未融合

⑤焊瘤以及烧穿

目测可见大量的焊缝金属突出，并移向焊接基材上，如图 1-85 所示。可通过打磨或者其他方式去除不良的焊缝段，降低焊接电流电压、合理使用焊接速度焊接，调整焊枪指向解决。

⑥ 气孔

目测可见小孔出现在焊缝表面，打磨表面后可见蜂窝状（氢气孔）、针点状、线形（混合型）等气孔，如图 1-86 所示。可通过打磨或者其他方式去除不良的焊缝段，加大保护气体的气压流速或者更换气瓶，清理干净基材，防止环境中的风速过大影响焊接，减小焊丝干伸长的方式解决。

⑦ 夹渣

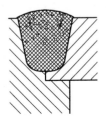

图 1-85　焊瘤以及烧穿　　　　　图 1-86　气孔

焊缝周围存在大量尘土等非融化性杂物时，应注意夹渣现象。存在夹渣时，剖切时可以发现大量非正常性材料间隔在焊缝和基材之间或者焊道和焊道之间，如图 1-87 所示。可通过打磨或者其他方式去除不良的焊缝段，清理干净基材，重新焊接。

⑧ 焊道内裂纹

目测可见焊缝中间线性、间断性裂开，如图 1-88 所示。可通过打磨或者其他方式去除焊缝段，重新焊接，调整焊接电流电压、降低焊接速度解决。

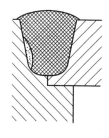 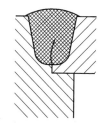

图 1-87　焊缝夹渣　　　　图 1-88　焊道内裂纹

焊缝的质量标准分为三级：

三级通过外观检查，即焊缝尺寸符合设计要求，肉眼观察无可见的裂纹、咬边等缺陷；

二级通过外观检查后，用超声波检验每条焊缝 20% 的长度，看内部缺陷情况；

一级通过外观检查，用超声波检验每条焊缝的全部长度，看内部缺陷情况。

对施焊条件较差的高空安装焊缝，其强度设计值应乘以 0.9 的折减系数。一般外观质量检查要求焊缝饱满、连续、平滑，无缩孔、杂质等缺陷。

2. 螺栓连接

（1）普通螺栓连接

普通螺栓分为 A、B、C 三级。A 级与 B 级为精制螺栓，C 级为粗制螺栓。

普通螺栓材质一般采用 Q235 钢。普通螺栓的强度等级为 3.6～6.8 级；直径为 3～64mm。

（2）高强度螺栓连接

高强度螺栓连接分为摩擦型连接和承压型连接。摩擦型连接的剪切变形小，弹性性能好，施工较简单，可拆卸，耐疲劳，特别适用于承受动力荷载的结构。承压型高强度螺栓的承载力高于摩擦型，但剪切变形大，故不得用于承受动力荷载的结构中。

高强度螺栓按强度可分为 8.8、9.8、10.9 和 12.9 四个等级（扭剪型高强度螺栓强度仅 10.9 级），直径一般为 12～42mm，按受力状态可分为抗剪螺栓和抗拉螺栓。如表 1-10 所示，为《钢结构设计标准》GB 50017—2017 中列出的常用的 8.8 级和 10.9 级高强度螺栓的预拉力设计值。

一个高强度螺栓的预拉力设计值 P（kN）　　表 1-10

螺栓的性能等级	螺栓公称直径(mm)					
	M16	M20	M22	M24	M27	M30
8.8 级	80	125	150	175	230	280
10.9 级	100	155	190	225	290	355

高强度螺栓承压型连接应按下列规定计算：

承压型连接的高强度螺栓预拉力 P 应与摩擦型连接高强度螺栓相同。连接处构件接触面应清除油污及浮锈。

在抗剪连接中，每个承压型连接高强度螺栓的承载力设计值的计算方法与普通螺栓相同，但当计算剪切面在螺纹处时，其受剪承载力设计值应按螺纹处的有效截面积进行计算。

在轴承受拉的连接中，每个承压型高强度螺栓的承载力设计值的计算方法与普通螺栓相同。

3. 铆钉连接

19 世纪 20 年代开始使用铆钉连接，铆钉连接的塑性、韧性和整体性好，连接变形小，传力可靠，承受动力荷载时的疲劳性能好，特别适用于重型和直接承受动力荷载的结构。但由于其构造复杂，用钢量大，施工麻烦，噪声大，目前已很少采用。铆钉连接的受力性能、构造要求及设计方法原则上与普通螺栓连接相同，不同的是设计参数及设计值取值不同。

1.5.5 钢结构的安全使用

钢结构构件可承受拉力、压力、水平力、弯矩、扭矩等荷载，而组成钢结构的基本构件，是轴心受力构件，包括轴心受拉构件和轴心受压构件。

要确保钢结构的安全使用，应做好以下几点：

组成钢结构的每件基本构件应完好，不允许存在变形、破坏的现象，一旦有一根基本构件破坏，将会导致钢结构整体的失稳、倒塌等事故。

结构的连接应正确牢固，由于钢结构是由基本构件连接组成，所以有一处连接失效同样会造成钢结构的整体失稳、倒塌，造成事故。

在允许的载荷、规定的作业条件下使用。

1.6 起重吊装基础知识

起重机械广泛使用在起重、运输、装卸和安装等作业，以提高劳动生产率或在生产工艺中进行某些特殊过程的操作，在机械化和自动化生产中，它更是一项不可缺少的物资搬运的机械设备。

1.6.1 吊装的方法

1. 常见的吊装方法

（1）塔式起重机吊装：起重吊装能力为 3～100t，臂长在 40～80m，常用在使用地点固定、使用周期较长的场合，较经济。一般为单机作业，也可双机抬吊。

（2）桥式起重机吊装：起重能力为 3～1000t，跨度在 3～

150 m，使用方便。多为厂房、车间内使用，一般为单机作业，也可双机抬吊。

（3）汽车吊吊装：有液压伸缩臂，起重能力为 8～550t，臂长在 27～120m；有钢结构臂，起重能力在 70～250t，臂长为 27～145m，机动灵活，使用方便。可单机、双机吊装，也可多机吊装。

（4）履带吊吊装：起重能力从数十吨到上千吨。臂长可达上百米；中、小重物可吊重行走，机动灵活，使用方便，使用周期长，较经济。可单机、双机吊装，也可多机吊装。

（5）桅杆系统吊装：通常由桅杆、缆风绳系统。提升系统、拖排滚杠系统、牵引溜尾系统等组成。桅杆有单桅杆、双桅杆、人字桅杆、门字桅杆、井字桅杆；提升系统有卷扬机滑轮系统、液压提升系统、液压顶升系统；有单桅杆和双桅杆滑移提升法、扳转（单转、双转）法、无锚点推举法等吊装工艺。

（6）利用构筑物吊装法，即利用建筑结构作吊装点（必须对建筑结构进行校核，并征得设计同意），通过卷扬机、滑轮组等吊具实现设备的提升或移动。

2. 吊装方法的选择依据

一个吊装方法的选择，主要是根据具体情况而定，综合考虑选择最佳方法。其依据如下：

（1）吊物的条件和要求。包括吊物重量、形态和几何尺寸，到货状态，有无试压、热处理，现场允许不允许焊接吊耳或铰轴等。

（2）吊物安装的位置及周围环境。包括设备基础结构形式、吊装高度、安装位置等。

（3）吊装机具、索具的条件。

（4）吊装施工技术力量和技术水平。

（5）吊装作业有关现行技术规范。

3. 吊装作业时应注意的事项

吊挂作业时，除应穿戴适当的个人保护装备，如安全帽、安全带之外，还应当注意下列事项：

（1）吊索应在吊钩的中心。

（2）吊索所受的张力两边相等。

（3）吊装物水平。

（4）吊索不会产生松脱。

（5）环首螺栓、马鞍环等的装置良好。

（6）吊装物不至于振动摇荡。

（7）吊装物的高度宜比人高，离地约 2m。

（8）吊装行径路线上无障碍物或其他作业员工。

（9）吊装物不可载人。

1.6.2　吊点的选择

1. 吊运稳定性

起重吊运司索作业中，物体的稳定应从两方面考虑：一是物体吊运过程中，应有可靠的稳定性；二是物体放置时应保证有可靠的稳定性。

吊运物体时，为防止提升、运输中发生翻转、摆动、倾斜，保证物体吊运过程中的稳定性，应使吊点与被吊物体重心在同一条铅垂线上，如图 1-89 所示，图（a）的吊点与被吊物体的中心在同一铅垂线上，物体可以平稳吊运；图（b）中的吊点与被吊物体的中心不在同一铅垂线上，在吊运过程中，往往会出现图（c）中倾斜、翻转等情况。

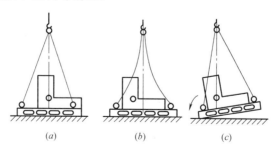

(a)　　　　　　(b)　　　　　　(c)

图 1-89　吊钩的吊点应与被吊物重心在同一条铅垂线

放置物体时存在支承面的平衡稳定问题。我们先来看一下长方形物体竖放时，不同位置上的不同结果，如图 1-90 所示（长方体四种位置）。

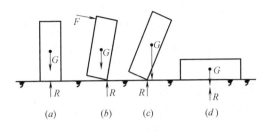

图 1-90　长方体四种位置

长方形物体在位置（a）时，重力 C 作用线通过物体重心与支反力只处于平衡状态；在位置（b）时，在 F 力的作用下，稍有倾斜，但重力 G 的作用线未超过支承面，此时三个力形成平衡状态，如果去掉 F 力，物体就会恢复到原来位置；当物体倾斜到重力 G 作用线超过支承边缘支反力及时，即使不再施加 F 力，物体也会在重力 G 与 R 形成的力矩作用下翻倒，即失稳状态，如（c）位置。由此可见，要使原来处于稳定平衡状态的物体，在重力作用下翻倒，必须使物体的重力作用线超出支承面；如果将物体改为平放如位置（d），其重心降低了很多，再使其翻倒就不容易了，这说明立放的物体重心高，支承面小，其稳定性差；而平放的物体重心低，支承面大，稳定性好。因此在司索吊运工作中，应观察了解物体的形状和重心位置，提高物体放置的稳定性。

2. 物体吊点选择

在吊运各种物体时，为避免物体的倾斜、翻倒、变形损坏，应根据物体的形状特点、重心位置，正确选择起吊点，使物体在吊运过程中有足够的稳定性，以免发生事故。

（1）试吊法选择吊点

在一般吊装工作中，多数起重作业并不需用计算法来准确计算物体的重心位置，而是估计物体重心位置，采用低位试吊的方法来逐步找到重心，确定吊点的绑扎位置。

（2）有起吊耳环的物件

对于有起吊耳环的物件，其耳环的位置及耳环强度是经过计算确定的，因此在吊装过程中，应使用耳环作为连接物体的吊点。在吊装前应检查耳环是否完好，必要时可加保护性辅助吊索。

（3）长形物体吊点的选择

对于长形物体，若采用竖吊，则吊点应在重心之上。

用一个吊点时，吊点位置应在距离起吊端 0.3l（l 为物体长度）处，起吊时，吊钩应向长形物体下支承点方向移动，以保持吊点垂直，避免形成拖拽，产生碰撞，见图 1-91（a）所示。

采用两个吊点时，吊点距物体两端的距离为 0.2l 处，见图 1-91（b）所示。

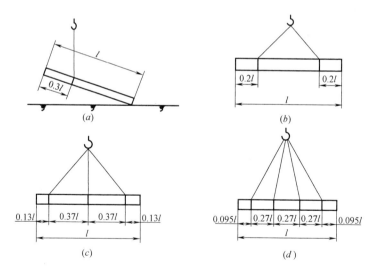

图 1-91　吊点位置

（a）一个吊点起吊位置；（b）两个吊点起吊位置；

（c）三个吊点起吊位置；（d）四个吊点起吊位置

采用三个吊点时，其中两端的吊点距两端的距离为 0.13*l*，而中间吊点的位置应在物体中心，见图 1-91 （c）所示。

采用四个吊点时，首先用 0.095*l* 确定出两端的两个吊点位置，然后再把两吊点间的距离进行三等分，即得到中间两吊点的位置，见图 1-91 （d）所示。

在吊运长形刚性物体时（如预制构件）应注意，由于物体变形小或允许变形小，采用多吊点时，必须使各吊索受力尽可能均匀，避免发生物体和吊索的损坏。

（4）方形物体吊点的选择

吊装方形物体一般采用四个吊点，四个吊点位置应选择在四边对称的位置上。

（5）机械设备安装平衡辅助吊点

在机械设备安装精度要求较高时，为了保证安全顺利地装配，可采用辅助吊点配合简易吊具调节机件所需位置的吊装法。通常多采用环链手拉葫芦来调节机体的位置，见图 1-92 所示。

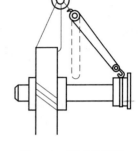

图 1-92　调节吊装法

（6）物体翻转吊运的选择

物体翻转常见的方法有兜翻，将吊点选择在物体重心之下，见图 1-93 （a）所示，或将吊点选择在物体重心一侧，见图 1-93 （b）。

物体兜翻时应根据需要加护绳，护绳的长度应略长于物体不

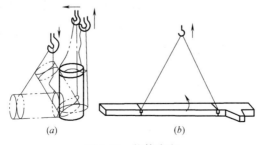

图 1-93　物体兜翻

稳定状态时的长度，同时应指挥吊车，使吊钩顺翻倒方向移动，避免物体倾倒后的碰撞冲击。

对于大型物体翻转，一般采用绑扎后利用几组滑车或主副钩或两台起重机在空中完成翻转作业。翻转绑扎时，应根据物体的重心位置、形状特点选择吊点，使物体在空中能顺利安全翻转。

例如：用主副钩对大型封头的空中翻转，在略高于封头重心相隔180°位置选两个吊装点 A 和 B，在略低于封头重心与 A、B 中线垂直位置选一吊点 C。主钩吊 A、B 两点，副钩吊 C 点，起升主钩使封头处在翻转作业空间内。副钩上升，用改变其重心的方法使封头开始翻转，直至封头重心越过 A、B 点，翻转完成135°时，副钩再下降，使封头水平完成180°空中翻转作业，如图1-94所示。

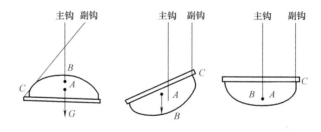

图1-94　封头翻转180°

物体翻转或吊运时，每个吊环、节点承受的力应满足物体的总重量。对大直径薄壁型物体和大型桁架构件吊装，应特别注意所选择吊点是否满足被吊物体整体刚度或构件结构的局部强度、刚度要求，避免起吊后发生整体变形或局部变形而造成的构件损坏。必要时应采用临时加固辅助吊具法。

1.6.3　常用起重索具

1. 绳索

（1）白棕绳及合成纤维绳

白棕绳以剑麻为原料，具有滤水、耐磨和富有弹性的特点，可承受一定的冲击载荷。合成纤维绳是有聚酰胺、聚酯、聚丙烯为原料制成的绳和带，具有比白棕绳更高的强度、抗水性和吸收冲击能量的特性。在起重吊装作业中，主要用于作用以下几个方面：1）绑扎各种构件；2）吊起较轻的构件；3）当吊起构件或重物时，用以拉紧，以保持被吊物件在起吊时以及在空中的稳定和物件放在规定的位置上；4）起重量比较小的扒杆缆风绳索等。

（2）白棕绳使用的注意事项

① 白棕绳一般用于重量较轻物件的捆绑，起重量较小的滑车及扒杆缆风绳索等，机动的起重机械或受力较大的地方不得使用白棕绳。

② 用于滑车或滑车组的白棕绳，在其穿过滑轮转弯时白棕绳与滑轮接触的一面受压，另一面受拉，白棕绳的抗拉能力降低，为了减少白棕绳所承受的附加弯曲力，滑轮的直径应比白棕绳直径大 10 倍以上。

③ 使用中，如果发现白棕绳有连续向一个方向扭转的情况时，应设法抖直，以免损伤白棕绳的内部纤维，有绳结的白棕绳不要穿过滑车或狭小的地方，因为这样会使白棕绳受到额外的应力，容易把白棕绳纤维拉断降低白棕绳的强度。

④ 在捆扎各类物件时，应避免使用白棕绳直接和物件的尖锐边缘接触，接触处一定要垫好麻袋、帆布或薄铁皮。

⑤使用过程中，不要将白棕绳在尖锐或粗糙的物件上拖拉，也不要在地面上拖拉，以免磨断白棕绳表面的麻纤维，降低白棕绳的强度，缩短使用寿命。

⑥ 白棕绳在使用中，凡穿过滑轮的，应注意勿使白棕绳脱离轮槽而卡住拉环发生事故。

⑦ 不要将白棕绳和有腐蚀作用的化学物品油漆等接触，并应放在干燥的木板上和通风好的地方储存保管，不能受潮或高温烘烤，防止降低白棕绳的强度。

2. 钢丝绳

（1）钢丝绳的用途与性能

钢丝绳又称为钢索，它是由高强度的碳素钢钢丝制成，整根钢丝绳的粗细一致，能承受很大的拉力，所以广泛地应用于起重吊装作业和运输设备中，它不仅是起重机的重要组成部分，而且在起重作业中可以单独地作为索具使用，并且具有以下优点。

① 重量轻、强度高、弹性大，能承受冲击载荷。

② 挠性较好，使用灵活。

③ 在高速运转时，运转稳定，没有噪声。

④ 钢丝绳磨损后，外表会产生许多毛刺，易于检查，破断前有断丝的预兆，整根钢丝绳不会立即断裂。

⑤ 成本较低。

⑥ 安全可靠性大。

钢丝绳的主要缺点：

① 刚性较大，不易弯曲。

② 在使用时要与一定直径的卷筒或滑轮相配，如果相配的卷筒或滑轮直径过小，钢丝绳容易损坏，会缩短钢丝绳的使用寿命。

钢丝绳是按其绳的股数和外层钢丝的数目进行分类的，共分14组、16类。每类钢丝按捻制法的不同，又可分为右交互捻、左交互捻、右同向捻、左同向捻四种，如图1-95所示。根据钢丝绳表面处理又可分为光面和镀锌两种；根据绳芯又可分为纤维

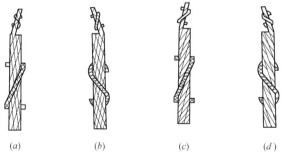

(a)　　　　　(b)　　　　　(c)　　　　　(d)

图1-95　钢丝绳捻向

(a) 右交互捻；(b) 左交互捻；(c) 右同向捻；(d) 左同向捻

芯和钢丝绳两种。

钢丝绳特性标记方法：按照《钢丝绳　术语、标记和分类》GB/T 8706—2017，钢丝绳标记系列应由下列内容组成：a）尺寸；b）钢丝绳结构；c）芯结构；d）钢丝绳级别，适用时；e）钢丝表面状态；f）捻制类型及方向。

标记顺序及内容见图1-96所示。

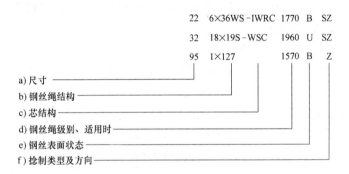

图1-96　钢丝绳特性的标记方法

（2）钢丝绳的选用

钢丝绳绳芯的材料有天然纤维芯、合成纤维芯和钢丝芯，天然纤维芯使用量最大。钢丝绳绳芯中的润滑油是起减小每股绳和钢丝之间的摩擦和防腐蚀作用。

钢丝绳在同直径时公称抗拉强度低，每股绳内钢丝越多，钢丝直径越细，则钢丝绳的挠性也就越好，但钢丝绳易磨损。反之，每股绳内钢丝直径越粗，钢丝绳挠性越差，钢丝绳越耐磨。

同向捻的钢丝绳，表面较平整、柔软，具有良好的抗弯曲疲劳性能，比较耐用。其缺点是绳头断开处绳股易松散，悬吊重物时容易出现旋转，易卷曲扭结。因此在吊装中不宜单独使用。

（3）钢丝绳计算

① 钢丝绳的最小破断拉力

钢丝绳的最小破断拉力与钢丝绳的直径、结构及钢丝的强度有关，是钢丝绳最重要的力学性能参数，其计算公式如下：

$$F_0 = \frac{K'D^2R_0}{1000}$$ (1-7)

式中　F_0——钢丝绳最小破断拉力（kN）；

　　　D——钢丝绳公称直径（mm）；

　　　R_0——钢丝绳公称抗拉强度（MPa）；

　　　K'——指定结构钢丝绳最小破断拉力系数。

可以通过查询钢丝绳质量证明书或力学性能表，得到该钢丝绳的最小破断拉力。

② 钢丝绳的安全系数

钢丝绳受力计算和选择钢丝绳时，考虑到钢丝绳受力不均、负荷不准确、计算方法不精确和使用环境较复杂等一系列因素，应给予钢丝绳一定的储备能力，因此确定钢丝绳的受力时必须考虑一个安全系数作为储备能力，这个系数就是安全系数，见表1-11。

钢丝绳的安全系数　　　　　　　　　　表 1-11

用　　途	安全系数	用　　途	安全系数
作缆风	3.5	作吊索、无弯曲时	6～7
用于手动起重设备	4.5	作捆绑吊索	8～10
用于机动起重设备	5～6	用于载人的升降机	14

③ 钢丝绳的允许拉力

允许拉力是钢丝绳实际工作中所允许的实际载荷，其与钢丝绳的最小破断拉力和安全系数关系式为：

$$[F] = \frac{F_0}{K}$$ (1-8)

式中

　　$[F]$——钢丝绳允许拉力（kN）；

　　F_0——钢丝绳最小破断拉力（kN）；

　　K——钢丝绳安全系数。

（4）钢丝绳的正确使用和维护保养

① 钢丝绳在使用过程中必须经常检查其强度，一般至少六个月就必须进行一次全面检查或做强度试验。

② 钢丝绳在使用过程中严禁超负荷使用，不应受冲击力，在捆扎或吊运物件时，要注意不要使用钢丝绳直接和物件的快口或尖棱锐角相接触，在它们的接触处要垫以木板、帆布、麻袋或其他衬垫物以防止物件的快口、锐角损坏钢丝绳而产生设备和人身事故。

③ 钢丝绳在使用过程中，如出现长度不够时，必须采用卸扣连接，严格禁止用钢丝绳头穿细钢丝绳的方法接长吊运物件，以免由此而产生的剪切力。

④ 钢丝绳穿用的滑车，其边缘不应有破裂和缺口。

⑤ 钢丝绳在使用中特别是钢丝绳在运动中不要和其他物件相摩擦，更不应与钢板的边缘斜拖，以免钢板的棱角割断钢丝绳，直接影响钢丝绳的寿命。

⑥ 在高温的物体上使用钢丝绳时，必须采用隔热措施，因为钢丝绳在受到高温后期强度会大大降低。

⑦ 钢丝绳在使用一段时间后，必须加润滑油，一方面可以防止钢丝绳的生锈，另一方面，钢丝绳在使用过程中，它的每股子绳间同一股中的钢丝绳与钢丝之间都相互产生滑动摩擦特别是在钢丝绳受弯曲力时，这种摩擦更加激烈，加了润滑油后就可以减少这种摩擦。

⑧ 钢丝绳存放时，要先按上述方法将钢丝绳上的脏物清洗干净后上好润滑油，再盘绕好，存放在干燥的地方，在钢丝绳的下面垫以木板或枕木，并需定期进行检查。

⑨ 钢丝绳在使用过程中，尤其要注意防止钢丝绳与电焊线相接触。

⑩ 钢丝绳在使用过程中，必须经常注意进行检查有无断裂破损情况及其是否能用，或需调换新绳，确保安全。

1.6.4 常用起重吊具

1. 卡环

卡环又名卸扣或卸甲，用于绳扣（千斤绳、钢丝绳）和绳扣，或绳扣与构件吊环之间的连接。它是在起重作业中用得较广的连接工具。卡环由弯环与销子两部分组成，按弯环的形式分为直形和马蹄形两种；按销子与弯环的连接形式分，有螺栓式和抽销式卡环及半自动卡环。卸扣分 D 形和弓形两种（见图 1-97），可作为端部配件直接吊装物品或构成挠性索具连接件。

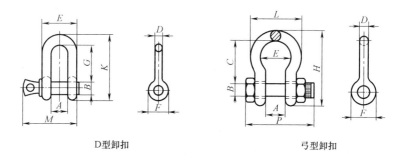

D 型卸扣　　　　　　　　　　　　弓型卸扣

图 1-97　常见的两种卸扣

（1）卡环允许荷载的估算

卡环各部位强度及刚度的计算比较复杂，在现场使用时很难进行精确的计算。为使用方便，现场施工可按式（1-9）的近似公式进行卡环的允许荷载计算。

$$P = (35 \sim 40) \times d^2 \qquad (1-9)$$

式中　d——销子的直径，mm；

　　　P——允许荷载，N。

（2）卡环的使用

① 卡环必须是锻造的，一般是用 20 号钢锻造后经过热处理而制成的。不能使用铸造的和补焊的卡环。

② 在使用时不得超过规定的荷载，并应使卡环销子与环底受力（即于高度方向受力），不能横向受力，横向使用卡环会造成弯环变形，尤其是在采用抽销卡环时，弯环的变形会使销子脱离销空，钢丝绳扣柱易从弯环中滑脱出来。

2. 钢丝绳夹

钢丝绳夹是制作索扣的快捷工具，连接强度不得小于钢丝绳破断拉力的 85%。其正确布置方向如图 1-98 所示，为减小主受力端钢丝绳的夹持损坏，夹座应扣在钢丝绳的工作段上，U 形螺栓扣在钢丝绳尾段上，绳夹的间距 A 等于 6～7 倍钢丝绳直径。钢丝绳的紧固强度取决于绳径和绳夹匹配，以及一次紧固后的二次调整紧固。绳夹在实际使用中，受载一次后应作检查，离套环最远处的绳夹不得首先单独紧固，离套环最近处的绳夹应尽可能地靠紧套环，但不得损坏外层钢丝。钢丝绳绳夹所用的数量与绳径相关，按表 1-12 选取。

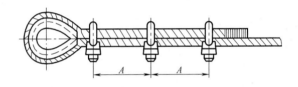

图 1-98　钢丝绳绳夹正确布置方向

钢丝绳固结绳夹数量　　　　　　　　　　**表 1-12**

钢丝绳公称直径 d(mm)	$d \leqslant 18$	$18 < d \leqslant 26$	$26 < d \leqslant 36$	$36 < d \leqslant 44$	$44 < d \leqslant 60$
绳夹最少数量	3	4	5	6	7

A 型钢丝绳绳夹如图 1-99 所示，其技术参数见表 1-13。

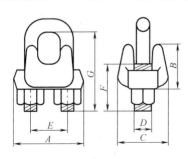

图 1-99　A 型钢丝绳绳夹

93

A 型钢丝绳绳夹技术参数　　表 1-13

型号 (mm)	A (mm)	B (mm)	C (mm)	D (mm)	E (mm)	F (mm)	G (mm)	重量 (kg)
6	22.5	14	17	5	12	14	24	0.025
8	28	17	21	6	15	16	30	0.045
10	38	21	28	8	19	20	37	0.09
12	45	27	34	10	24	25	47	0.18
15	52	32	40	12	29	30	57	0.28
20	62	38	47	14	36	36	71	0.48
22	69	43	52	16	40	39	78	0.62

3. 吊钩

吊钩是起重机械上重要取物装置之一。吊钩、钢丝绳、制动器统称起重机械安全作业三大重要构件。吊钩若使用不当，容易造成损坏和折断而发生重大事故，必须加强对吊钩的安全技术检查。

（1）吊钩的种类

吊钩按制造方法可分为锻造吊钩和片式吊钩（板钩）。锻造吊钩又可分为单钩（图 1-100a）和双钩（图 1-100b）。单钩一般用于小起重量，双钩多用于较大的起重量。锻造吊钩材料采用优质低碳镇静钢或低碳合金钢，如 20 优质低碳钢、16Mn、20MnSi、36MnSi。片式吊钩由若干片厚度不小于 20mm 的 Q235C、20 或 16Mn 的钢板铆接起来。片式吊钩也有单钩和双钩之分（图 1-100c，图 1-100d）。片式吊钩比锻造吊钩安全，因为吊钩板片不可能同时断裂，个别板片损坏还可以更换。

（2）吊钩的危险断面

吊钩的危险断面是日常检查和安全检验时的重要部位，经过对吊钩的受力分析，得出吊钩有以下危险截面。以图 1-102 所示的单钩为例进行说明。吊挂在吊钩上的重物的重量为 Q。

① A-A 断面：吊钩在重物重量（Q）的作用下，产生拉、切应力之外，还有把吊钩拉直的趋势，图 1-101 所示的吊钩中，中心线以右的各断面除受拉伸以外，还受到力矩 M 的作用。在

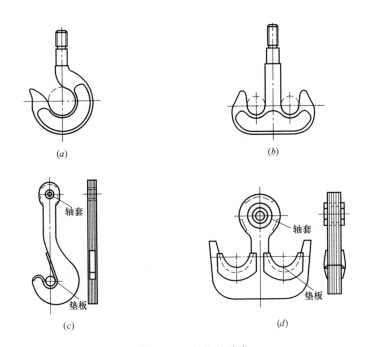

图 1-100 吊钩的种类

（a）锻造单钩；（b）锻造双钩；（c）片式单钩；（d）片式双钩

力矩 M 的作用下，A-A 断面的内侧产生弯曲拉应力，外侧产生弯曲压应力。A-A 断面的内侧受力为 Q 力的拉应力和 M 力矩的拉应力叠加，外侧则为 Q 力的拉应力和 M 力矩的压应力叠加，这样内侧应力将是两部分拉应力之和，外侧应力将是两应力之差。综上我们可以得到，A-A 断面的内侧所受的应力大于实际吊运的重量 Q 的拉力，内侧应力大于外侧应力，这就是把吊钩断面做成内侧厚、外侧薄的梯形或 T 字形断面的原因。

② B-B 断面：重物的重量通过吊索作用在这个断面上，此作用力有把吊钩切断的趋势，在该断面上产生剪切应力。由于 B-B 断面是吊索或辅助吊具的吊挂点，索具等经常对此处摩擦，该断面会因磨损而使横截面积减小，承载能力下降，从而增大剪断吊钩的危险。

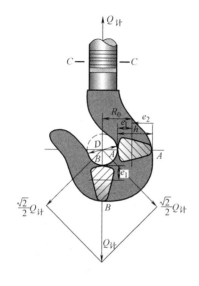

③ C-C 断面：由于重物重量 Q 的作用，在该截面上的作用力有把吊钩拉断的趋势。这个断面位于吊钩柄柱螺纹的退刀槽处，该断面为吊钩最小断面，有被拉断的危险。

（3）吊钩的安全技术要求

在用起重机械的吊钩应根据使用状况定期检验，但至少每半年检查一次，并进行清洗润滑。吊钩一般检查方法：先用煤油洗净钩体，用 20 倍放大镜检查钩体是否有裂纹，尤其对危险断面要仔细检查，对板钩的衬套、销轴、轴孔、耳环等检查其磨损的情况，检查各坚固件是否松动。某些大型的工作级别较高或使用在重要工况环境的起重机吊钩，还应采用无损探伤法检查吊钩内、外部是否存在缺陷。

图 1-101　单钩受力分析

新投入使用的吊钩要认明钩件上的标记、制造单位的技术文件和出厂合格证。投入正式使用前应做负荷试验。以递增方式，逐步将载荷增至额定载荷的 1.25 倍（可与起重机动静负荷试验同时进行），试验时间不应少于 10min。卸载后吊钩上不得有裂纹及其他缺陷，其开口度变形不应超过 0.25%。

使用后有磨损的吊钩也应做递增的负荷试验，重新确定使用载荷值。

4. 吊横梁

吊横梁也称吊梁、平衡梁和铁扁担。主要用于水平吊装中避免吊物受力点不合理造成的损坏或过大的弯曲变形，给吊装造成困难等。吊横梁主要有以下几种：滑轮吊横梁、钢板吊横梁、钢管吊横梁等，如图 1-102 所示。

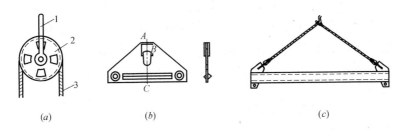

(a)　　　　　　　　(b)　　　　　　　　(c)

图 1-102　吊横梁

(a) 滑轮吊横梁；(b) 钢板吊横梁；(c) 钢管吊横梁

吊横梁制造、使用应注意的问题：

（1）吊横梁设计制造的安全系数不应小于额定起重量的 4 倍，其上的吊钩、索具等应对称分布，长短相等，连接可靠，新制造的吊横梁应用 1.25 倍的额定载荷试验验证后方可投入使用。

（2）使用前，应检查吊横梁与起重机吊钩及吊索连接处是否正常。

（3）当吊横梁产生裂纹、永久变形、磨损、腐蚀严重时，应立即报废。

1.6.5　常用起重工具

1. 千斤顶

千斤顶是一种用比较小的力就能把重物升高、降低或移动的简单机具，结构简单，使用方便。它的承载能力，可从 1～300t。千斤顶的顶升高度一般为 100～400mm，顶升速度可达 10～35mm/min。

（1）千斤顶的种类和特点

千斤顶按其构造形式，可分为三种类型：螺旋千斤顶、液压千斤顶和齿条千斤顶，前两种千斤顶应用比较广泛。

① 螺旋式千斤顶起重量较大，可达 5t，它和齿条式千斤顶都能在水平方向操作使用。

② 液压千斤顶具有起重量大、操作省力、上升平稳、安全可靠等优点，但它的上升速度比齿条式、螺旋式千斤顶要慢，一般的不能在水平方向操作使用，油压千斤顶的起重为 5～30t，最大可达 500t；起升的高度为 100～200mm。油压千斤顶有手动和电动的两种。

③ 齿条式千斤顶起重能力较小，一般为 3～5t，最大的起重量约为 15t。

（2）千斤顶的使用

① 千斤顶应放在干燥无尘土的地方，不可日晒雨淋，使用时应擦洗干净，各部件灵活无损。

② 使用时应平放，并在顶端和底脚部分加垫木板。

③ 千斤顶不要超负荷使用，顶升的高度不得超过活塞上的标志线。

④ 顶升时要随着物体的升高，在其下面用枕木垫好，以防千斤顶倾斜或回油而引起活塞突然下降。

⑤ 有几个千斤顶联合使用时，应设置同步升降装置，并且每个千斤顶的起重能力不能小于计算荷载的 1.2 倍。

2. 起重葫芦

起重葫芦是一种应用非常广泛的轻小型起重设备。它是由安装在公共吊架上的驱动装置、传动装置、制动装置以及挠性件卷放或夹持装置带动取物装置升降的轻小型起重设备。根据动力不同，分手动葫芦和电动葫芦。

（1）手动葫芦

手动葫芦是一种结构简单、使用方便的起重设备。在起重作业中，使用最多的是环链手拉葫芦、钢丝绳手拉葫芦和环链手拉葫芦。

手拉葫芦在吊装作业中广泛使用，经常用于临时场所起吊小型设备。它既可单独使用，以及在联合安装配合使用以起重或拖移重物，又可用于单轨架空运输，手动单梁行车和悬臂式起重机上。

手拉葫芦使用安全可靠，维护保养方便，自重较轻便于携带，机械效率高，手链拉力小。如图1-103所示。

图 1-103　手动葫芦

使用手拉葫芦应注意如下安全事项：

① 使用前检查其结构是否完好，活动部分灵活、润滑是否良好，防止干磨、跑链现象发生。

② 吊挂拉链葫芦的绳索、支架、横梁等必须牢固可靠。

③ 作业前先试吊，检查上下吊钩是否挂牢、起重链垂直悬挂，不得有错扭链环。

④ 操作者应站在与手拉链条同一平面内搜动手拉链条，无论重物提升或降落，搜动拉链用力应均匀缓和，不可用力过猛，避免手拉链条跳动或卡环。

⑤ 操作者如发现拉不动时，不可硬拉，应停止使用，对其检查。检查重物是否与其他物件牵挂，葫芦机件有无损坏，重物是否超过额定起重量。

⑥ 严禁用人力以外的动力来操作。重物起吊后，如一人可拉动手拉链时，则可进行工作，一人不能拉动时，则需要根据手拉葫芦所需拉力增加人数，不能任意加人猛力硬拉，以免手拉葫芦承重链因受力过大而损坏。手拉葫芦不准超载使用。

（2）电动葫芦

电动葫芦是一种简便的起重机械，由运行和起升两大部分组成，一般是安装在直线或曲线工字钢轨道梁上，常与电动单梁、电动悬挂、悬臂等起重机配套使用。

① 进场需注意检查起重钢丝绳，如有达到报废标准，必须更换。

② 钢丝绳在卷筒上应排列整齐，不得有重叠、离缝。

③ 在运转中发现有不正常音响时，应立即停车检查，以防事故。

④ 轨道及电葫芦行走滚轮，不可有润滑剂，轨道可以油漆。

⑤ 防止超过容许载荷的提升重物，并须避免操作时急骤升降、冲击等不利因素。

⑥ 初次使用的电动葫芦，应做125％负载的静载试验。行驶电动葫芦的工字钢的两端应有挡板，电动葫芦本身应有缓冲器。

3. 卷扬机

（1）卷扬机分类

卷扬机是在工程中使用的由电动机通过传动装置驱动带有钢丝绳的卷筒来实现载荷移动的机械设备，如图 1-104 所示。它按速度分为高速、快速、快速溜放、慢速、慢速溜放和调速六类，按卷筒数量分为单卷筒和双卷筒两类。

图 1-104　卷扬机

（2）卷扬机的结构及基本参数

① 卷扬机的型号编制方法

卷扬机的型号由型式、类组、特性、主参数及变型更新代号组成，说明见图 1-105 所示。

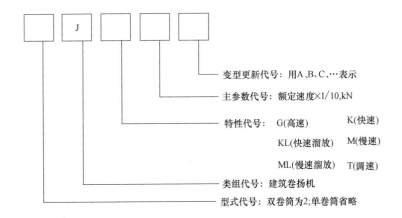

图 1-105　卷扬机的型号参数含义

例：额定载荷为 80kN 的双筒快速卷扬机，其型号为 2JK8，图 1-106 为其结构简图。

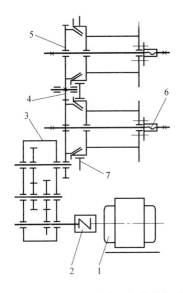

图 1-106　2JK8 型卷扬机结构简图

1—电机；2—弹性联轴器；3—减速器；4—过轮；
5—主轴装置；6—离合螺旋；7—带式制动器

② 卷扬机的基本参数

卷扬机的主参数为额定载荷，见表 1-14 所示。

卷扬机主参数系列（kN） 表 1-14

主参数名称	数　　值
额定载荷	5、7.5、10、12.5、16、20、25、32、50、80、100、125、200、320、500

注：高速和快速卷扬机的额定载荷应不大于 200kN，溜放卷扬机的额定载荷应
　　不大于 100kN。

高速卷扬机的基本参数见表 1-15 所示。

高速卷扬机基本参数 表 1-15

额定载荷(kN)	10	16	20	32	50	80
额定速度(m/min)	>50					
容绳量(m)	≥100			≥150		

快速和快速溜放卷扬机的基本参数见表 1-16、表 1-17 所示。

单卷筒快速和快速溜放卷扬机的基本参数 表 1-16

额定载荷(kN)	5	7.5	10	12.5	16	20	25	32	50	80	120
额定速度(m/min)	20～50										
容绳量(m)	≥100				≥150				≥200		

双卷筒快速和快速溜放卷扬机的基本参数 表 1-17

额定载荷(kN)	10	16	20	32	50	100
额定速度(m/min)	20～50					
容绳量(m)	≥100		≥150		≥200	

慢速和慢速溜放卷扬机的基本参数见表 1-18 所示，但慢速
溜放卷扬机的额定载荷不应大于 100kN

慢速和慢速溜放卷扬机的基本参数 表 1-18

额定载荷(kN)	20	32	50	80	100	125	200	320	500
额定速度(m/min)	<20								
容绳量(m)	≥100		≥150		≥300		≥500		

（3）注意事项

① 卷扬机应安放在地势稍高、视线良好、地脚基础坚实、
距离起吊处 15m 以外的地方，若为临时使用，可将钢丝绳拉住
机座上的座孔通过地锚固定；若是长期使用，则通过地脚螺栓将
机座固定在混凝土基础上。地锚或混凝土地基必须按卷扬机额定

牵引力的大小来埋设并与机座可靠连接，以防使用中产生滑动、位移，甚至拉翻卷扬机，导致重物坠落等重大事故。卷扬机在室外装用时，上方应设有遮阳挡雨的工棚，但不得妨碍机手操作或影响机手对指挥人员及提升物的视线。

② 钢丝绳应从卷筒下方引出，出绳方向尽量同地面平行，当钢丝绳处于卷筒中间位置时，要与前面第一个导向滑轮的中心线垂直，卷扬机不可离滑轮太近，以免引起钢绳与导向滑轮或卷筒槽缘的过分磨损。当重物落至最低位置时，钢丝绳应在卷扬机卷筒上除固定圈外保留 3 圈以上。

③ 卷筒上的钢丝绳应按顺序排列整齐，不能发生乱层现象，也不可高于卷筒的侧边，以防受力后引起跳绳或滑出，从而造成联轴器损伤、钢丝绳断裂等故障。当钢丝绳断丝超过 10% 时必须更换，新换钢丝绳的安全系数应大于 5，并注意质量要合格，卷扬机工作时，不可让钢丝绳在地面拖拽，以防泥沙沾污而加剧磨损，为此可设绳槽或托辊。另外，卷扬机运转时，不准用手或脚去拉、踩钢丝绳；不准任何人跨越钢丝绳或在提升物下穿越、停留。

④ 电动机要有单独的操作开关，并加装过载与短路保护装置；其金属外壳应可靠接地，以保安全，若电动机可以正、反转来驱动卷扬机，则卷筒的旋转方向必须与操纵开关上的指向一致。

⑤ 卷扬机的制动器大都为短行程常闭电磁式结构。试机前应先检查电磁制动器，要求制动瓦与制动轮之间的间隙为 0.5～0.6mm，且两瓦的间隙相等、开闭灵活；然后，先空载试运转，让卷扬机正、反向各转 15min，若无异常噪声，振动或冲击，才可投入全载试运转，最后，做超载 10% 试验，起吊 1.1 倍的额定载荷，按电动机允许的接电持续率进行起升、制动、大小车运行的单独和联动试验。试验结束后，结构和机构不应损坏，连接无松动，即为合格。否则应重新调整电磁制动器，必要时更换磨损超限的制动瓦或制动轮。

⑥ 采用胶带或开式齿轮传动的卷扬机，其传动部位应加装防护罩，以防卷扬机运转时将人员或物料卷入。

⑦ 操作时，机手要集中精力、看清信号、听从指挥。且周围 2m 内不准站人，跑绳两侧及导向滑车的导向角内不准有人。卷扬机运转中，机手不准离岗。提升重物时操作应柔和平稳，不可急速升起或飞速下降，尽量避免空中紧急制动。若被吊物需要空中临时停留，除使用制动器外，还要用保险棘轮卡牢。

⑧ 若遇上工作中突然停电，应先将开关扳到断电位置，接着将吊笼降至地面或将牵引重物落到坡底。

⑨ 卷扬机运转中，若出现声响异常、制动失灵、减速器轴承部位温升过高等情况，应停机检查，排除故障；切忌带"病"作业，以免发生机械或人身事故。

1.6.6 常用起重设备

1. 塔式起重机

塔式起重机（简称为塔机、塔吊）属于臂架型起重机，臂架长度较大、结构轻巧，且可回转，安装拆卸运输方便，适用于露天作业，是建筑施工中广泛使用的一种起重设备，也较多地用于造船、电站设备安装、水工建筑、港口和货场物料搬运等。塔式起重机结构如图 1-107 所示。

2. 流动式起重机

流动式起重机具有自身动力装置驱动的行驶装置，转移作业时不需要拆卸和安装。具有机动性强、负荷变化范围大、稳定性能好、操纵简单方便、应用范围广，近年来得到了迅速发展。特别是近几十年由于液压传动技术、控制工程理论及微型计算机在工程设备中的广泛运用，明显提高了流动式起重机的工作性能和安全性能，从而使它在所有起重设备中占有量越来越多。

流动式起重机对减轻劳动强度，节省人力，降低成本，提高施工质量，加快建设速度，实现工程施工机械化起着十分重要的作用。汽车、轮胎起重机适用于工厂、矿山、油田、港口码头、建筑工地等场所的起重作业和安装工程等。履带起重机适用于路面条件差、调动距离较短的施工场合。

图 1-107　塔式起重机

流动式起重机结构复杂，金属结构安全系数控制严格，操纵难度大，因此，危险因素也较多，使用不当易发生事故。

流动式起重机分为汽车式起重机、轮胎式起重机、履带式起重机等。

（1）汽车起重机

汽车起重机以经改装的通用汽车底盘或用于安装起重机的专用底盘为运行部分，车桥多数采用弹性悬挂，起重机部分和底盘部分有各自的驾驶室，运行速度（50～80km/h），适用于长距离迅速转换 作业场地，机动性好。但不能带载行驶，车身长，转弯半径大，通过性能较差。在起重作业时，其上车的动力通常是通过取力装置从底盘的发动机上获得。近年来，为解决起重作业和运行时所需功率相差过大的矛盾，大吨位的汽车起重机多采用单独的发动机作为起重机部分的动力，而底盘的发动机专供行驶使用。图 1-108 是一台采用通常布置形式的全液压汽车起重机。

（2）轮胎起重机

轮胎起重机使用特制的运行底盘，车桥为刚性悬挂，可以吊载行驶，上下车采用一个驾驶室，如图 1-109 所示。这种起重机

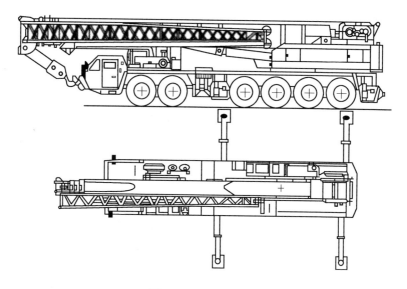

图 1-108　汽车起重机

的轮距与轴距相近，既保证各向倾翻稳定性一致，又增加了机动性。主要适用于作业场地相对稳定的场合，如建筑工地、码头、车站等。它通过性能好，可以在 360°范围内旋转作业。

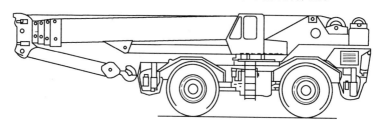

图 1-109　轮胎起重机

（3）履带起重机

履带起重机是以履带及其支承驱动装置为运行部分的流动式起重机，如图 1-110 所示。由于履带接地面积大，所以能在松软路面上行走。对地面附着力大，爬坡能力强，转弯半径小，甚至可以原地转弯。但履带底盘行驶速度低，需要长距离转移时，要使用平板拖车运输。这种起重机通常不使用支腿，所以可带载行驶。

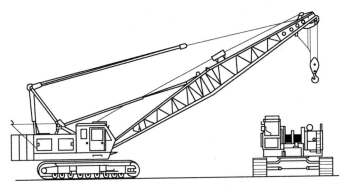

图 1-110　履带起重机

3. 门座起重机

门座起重机是具有沿地面轨道运行，下方可通过铁路或其他地面车辆的可回转的安装在门形座架上的臂架型起重机，如图 1-111 所示。广泛应用于码头货物的机械装卸，造船厂船舶分段制造过程的拼装，以及大型水电站工地的建坝工程，是实现生产过程机械化不可缺少的起重设备。

4. 旋臂式起重机

旋臂式起重机是近年发展起来的小型起重机械，具有结构紧凑，安全可靠，具备高效、节能、省时省力、灵活、占地面积小、耗能小等特点，三维空间内随意操作，在段距、密集性调运的场合，比其他常规性吊运设备更

图 1-111　门座起重机

显示其优越性，旋臂式起重机结构如图 1-112 所示。

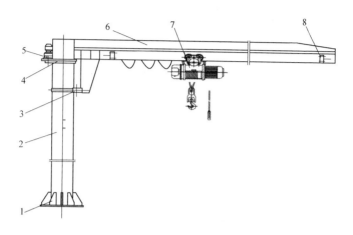

图 1-112 旋臂式起重机

1—法兰盘；2—立柱；3—回转机构的水平轮；4—外齿轮；
5—回转电机；6—主梁；7—钢丝绳电动葫芦；8—止挡

5. 桅杆起重机

桅杆起重机是一种常用而又简单的起重装置，如图 1-113 所示。按桅杆的结构组成特点可分为独杆式桅杆起重机和回转式桅杆起重机两大类。桅杆起重机按构造型式主要分为摇臂式桅杆起重机、人字架桅杆起重机、单桅杆起重机、悬臂式桅杆起重机、缆绳式桅杆起重机、斜撑式桅杆起重机等。

图 1-113 桅杆起重机

2 塔式起重机技术

2.1 塔式起重机分类及技术参数

塔式起重机主要用于房屋建筑和市政施工中物料的垂直和水平输送及建筑构件的安装。塔式起重机属于全回转臂架型起重机,其特征是有一个直立的塔身,并在塔身装有可回转和可变幅的起重臂。

2.1.1 塔式起重机分类

1. 按架设方式

按架设方式分为快装式塔式起重机和非快装式塔式起重机。

快装式塔式起重机的主要特点是塔身和起重臂等可以伸缩(或折叠),运输时整体拖运,安装时整体架设,可以快速移动和安装。

非快装式塔式起重机整机的主要特点是分为若干个构件,运输和安装时分别依次进行。

2. 按变幅方式

按变幅方式分为动臂变幅式塔式起重机和小车变幅式塔式起重机,如图 2-1 所示。

动臂变幅式塔式起重机是靠起重臂仰俯来实现变幅的,如图2-1(a)所示。其优点是能充分发挥起重臂的高度,适宜在有空间限制的场所施工。缺点是最小幅度被限制在最大幅度的 30%左右,不能完全靠近塔身。

动臂变幅式塔式起重机按臂架结构形式分为定长臂动臂变幅

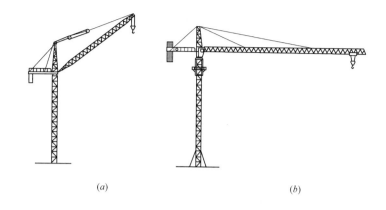

(a)   (b)

图 2-1　按变幅方式

(a) 动臂变幅式；(b) 小车变幅式

式塔式起重机与铰接臂动臂变幅式塔式起重机。

小车变幅式塔式起重机是靠水平起重臂轨道上安装的小车行走实现变幅的，如图 2-1 (b) 所示。其优点是变幅范围大，变幅小车可驶近塔身，能带负荷变幅。

3. 按臂架结构形式

小车变幅式塔式起重机按臂架结构形式分为定长臂小车变幅式塔式起重机、伸缩臂小车变幅式塔式起重机和折臂小车变幅式塔式起重机。定长臂小车变幅式塔式起重机和折臂小车变幅式塔式起重机，如图 2-2 所示。

按臂架支承形式小车变幅式塔式起重机又可分为平头式塔式起重机和非平头式塔式起重机，如图 2-3 所示。

平头式塔式起重机如图 2-3 (a) 所示，主要特点是无塔帽和臂架拉杆，此种设计形式减少了与相邻塔式起重机在工作高度上的相互制约，方便了空中拆臂操作，减少了空中安装、拆卸拉杆的复杂性和危险性。

非平头式塔式起重机如图 2-3 (b) 所示，主要特点是起重臂通过起重臂根部铰点和吊臂拉杆支承，通过起重臂上的小车走动

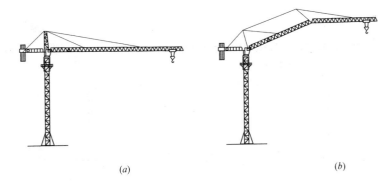

(a)   (b)

图 2-2　按臂架结构形式

（a）定长臂小车变幅式；（b）折臂小车变幅式

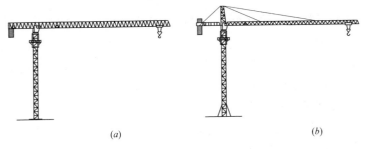

(a)   (b)

图 2-3　按臂架支承形式

（a）平头式小车变幅；（b）非平头式小车变幅

实现变幅。

4. 按回转部位

按回转部位分为上回转塔式起重机和下回转塔式起重机，如图 2-4 所示。

上回转塔式起重机将回转总成、平衡重、工作机构均设置在塔式起重机上部，工作时只有起重臂、塔帽、平衡臂一起转动，其优点是能够附着，塔式起重机可达到较高的工作高度。由于塔身不转，可简化塔身下部结构，顶升加节方便。

下回转塔式起重机将回转总成、平衡重、起升机构等均设置

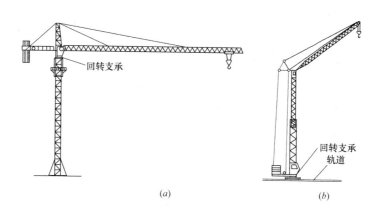

图 2-4　按回转部位

（a）上回转塔式起重机；（b）下回转塔式起重机

在塔身下部的回转平台上，其优点是塔身所受弯矩减少，重心低，稳定性好，安装维修方便，缺点是对回转支承要求较高，使用高度受到限制，司机室一般设置在回转平台上，操作视线不开阔，目前已很少使用。

5. 按底架行走方式

按底架行走方式分为固定（自升）式塔式起重机和轨道行走式塔式起重机，如图 2-5 所示。

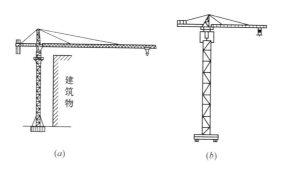

图 2-5　按底架行走方式

（a）固定式塔式起重机；（b）轨道行走式塔式起重机

固定（自升）式塔式起重机的特点是塔身固定在基础上，不可行走，随建（构）筑物的升高而升节。在附着的情况下，可以实现超高层建筑的施工。

轨道行走式塔式起重机的特点是在预先埋设好的轨道上，整机可带载行走，灵活方便。由于受塔式起重机独立高度的限制，可以施工的建（构）筑物高度较低。

6. 按爬升方式

按爬升方式分为外部爬升式（附着式）塔式起重机和内部爬升式塔式起重机，如图 2-6 所示。

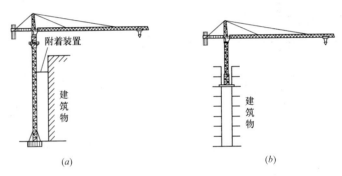

图 2-6 按爬升方式
(a) 附着式塔式起重机；(b) 内爬式塔式起重机

图 2-6（a）是塔式起重机附着工作状态。当塔式起重机高度未超过使用说明书中规定的最大独立状态时，塔式起重机处于独立式工作状态；当塔式起重机的安装高度超过最大独立状态时，应按照使用说明书的要求安装附着装置，将塔式起重机的塔身与建筑物连接，此时塔式起重机为附着式工作状态。

图 2-6（b）是塔式起重机内爬式工作状态。内爬式塔式起重机安装在建筑物内部的电梯井或者某一开间内。当在建建筑物达到一定高度后，内爬式塔式起重机采用内爬钢梁作为支撑，随着楼层的增加，依靠自身的液压顶升装置在建筑物内同步升高。内爬式塔式起重机荷载作用在建筑结构上，主要用于超高层建筑施工上。

2.1.2 塔式起重机的基本技术参数及型号

1. 基本技术参数

塔式起重机基本技术参数是选择、使用起重机的依据，图2-7为塔式起重机主要技术参数示例图。

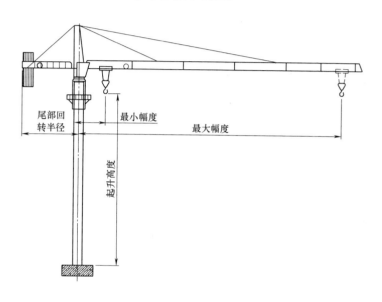

图 2-7 塔式起重机主要技术参数示例图

塔式起重机基本技术参数包括：幅度、起升高度、额定起重量、起重力矩、工作速度、塔式起重机重量、尾部回转半径等。

（1）幅度

空载时，塔式起重机回转中心线至吊钩中心垂线的水平距离。最大工作幅度则是指吊钩位于距离塔身最远工作位置时的水平距离。

（2）起升高度

塔式起重机运行或固定独立状态时，空载、塔身处于最大高度、吊钩处于最小幅度处，吊钩支承面对塔机基准面的允许最大垂直距离。

对动臂变幅式塔式起重机,起升高度分为最大幅度时起升高度和最小幅度时起升高度。

(3)额定起重量

塔式起重机在各种工作幅度下允许吊起的最大起重量,包括取物装置(如吊索、吊具及容器等)的重量。塔式起重机的起重量随着幅度的增加而相应递减,在各种幅度时都有额定的起重量,将不同幅度和相应的起重量绘制成起重机的性能曲线图,可以表述在不同幅度下的额定起重量。

(4)起重力矩

起重量与相应幅度的乘积为起重力矩,计量单位为 kN·m。

(5)最大起重力矩

最大额定起重量重力与其在设计确定的各种组合臂长中所能达到的最大工作幅度的乘积。最大起重力矩是塔式起重机工作能力的最重要参数,是塔式起重机保持稳定性的主要控制值。

(6)工作速度

塔式起重机的工作速度包括起升速度、回转速度、变幅速度、行走速度等。

1)起升速度:起吊各稳定运行速度挡对应的最大额定起重量,吊钩上升过程中稳定运动状态下的上升速度。

2)回转速度:塔式起重机在最大额定起重力矩载荷状态、风速小于 3m/s、吊钩位于最大高度时的稳定回转速度。

3)小车变幅速度:对小车变幅塔式起重机,起吊最大幅度时的额定起重量、风速小于 3m/s 时,小车稳定运行的速度。

4)行走速度:空载、风速小于 3m/s,起重臂平行于轨道方向时塔式起重机稳定运行的速度。

(7)重量

塔式起重机重量即塔式起重机各部件的重量之和。塔式起重机重量包括塔式起重机的自重、平衡重和压重的重量。塔式起重机重量是安装、拆卸、运输时的重要参数,各部件重量、尺寸以使用说明书为准。

（8）尾部尺寸

下回转塔式起重机的尾部尺寸是由回转中心至转台尾部（包括压重块）的最大回转半径。上回转塔式起重机的尾部尺寸是由回转中心线至平衡臂转台尾部（包括平衡重）的最大回转半径。

2. 塔式起重机型号编制方法

塔式起重机型号编制由组、型、特性、主参数和变型更新等代号组成，其型号编制方法如下：

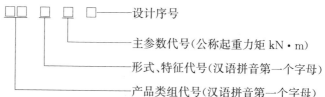

以 QTZ80A 塔式起重机为例：

QTZ—组、型、特性代号。

Q：起重机。

T：塔式起重机。

Z：特征代号（Z 代表自升式，G 代表固定式，K 代表快装式，X 代表下回转式）。

80—额定起重力矩，800kN·m。

A—设计序号。

以上编号方法只表明公称起重力矩，并不能表示塔式起重机最大工作幅度及其额定起重量。目前行业内还采用最大幅度与最大幅度处额定起重量的型号标识方法，例如 TC6012A：

TC—塔式起重机；

6012—最大工作幅度 60m，最大工作幅度处额定起重量 12kN。

A—设计序号。

有些塔式起重机生产厂家采用另一种型号编制方式，即以厂

名代号或注册品牌代号代替类组代号，省略型式、特性代号，以
最大幅度和最大幅度处额定起重量两个基本参数代号代替主参数
代号。以 JL5515 为例：

JL—公司名称；

5515—最大工作幅度 55m，最大幅度处的额定起重量 15kN。

2.2 塔式起重机的基本构造和工作原理

塔式起重机的基本构造包括基础、钢结构、工作机构、电气
系统和安全装置等几部分。

2.2.1 基础

塔式起重机的基础形式应根据工程地质、荷载大小与塔式起
重机稳定性要求、现场条件、技术经济指标，并结合制造商提供
的塔式起重机使用说明书的要求确定。

混凝土基础用于安装固定塔式起重机、保证塔式起重机正常
使用且传递其各种作用到地基的混凝土结构。基础的尺寸应满足
塔式起重机工作状态和非工作状态稳定性以及地基承载能力的
要求。

基础的种类分为一次性使用的现浇混凝土基础，多次重复使
用的拼装式基础，桩基础和钢格构柱承台式钢筋混凝土基础等。

1. 现浇混凝土基础

常见的现浇混凝土基础型式有方形整板基础，如图 2-8（*a*）
所示，十字形基础，如图 2-8（*b*）所示。

方形整板基础与地基接触面积大，稳定性好，缺点是钢筋和
混凝土的用量较大。

十字形基础是由长度和截面相同的两条相互垂直等分且节点
加腋的混凝土条形基础组成的基础。

2. 桩基础

桩基础主要是在当地基为软弱土层，采用浅基础不能满

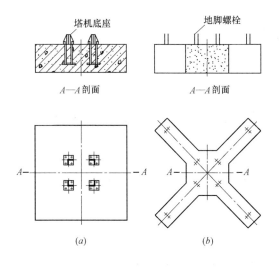

图 2-8 常见的现浇混凝土基础型式

（a）方形整板基础；（b）十字形基础

足塔式起重机对地基承载力和变形的要求时采用，钢筋混凝土结构承台座在基桩上面，如图 2-9 所示。

3. 组合式基础

组合式基础是由若干格构式钢柱或钢管柱与其下端连接的基桩以及上端连接的混凝土承台或型钢平台组成的基础。

组合式基础如图 2-10 所示。现场基坑开挖前，在基础位置打入 4 根混凝土灌注桩，桩顶略低于地下室底板，每根桩中插入一根钢柱，钢柱顶部制作一个混凝土结构或钢结构的平台，塔式起

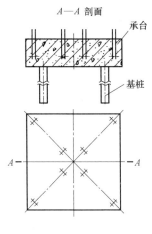

图 2-9 桩基础

重机安装于这个平台上。随着施工现场建筑物基坑的开挖，在钢柱之间逐步焊接钢缀条，开挖一层地基焊接一次钢缀条，基坑开挖结束，整个格构式钢平台的焊接工作完成，使其成为一个完整的格构式钢架。塔式起重机拆除后，将这钢架破坏性地拆除。

　　这种基础的优点是，塔式起重机可在建筑物基坑开挖前安装，避免了深基坑塔式起重机基础施工的困难。

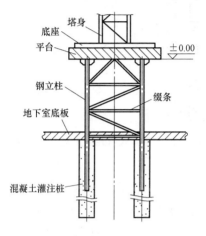

图 2-10　组合式基础

4. 拼装式混凝土基础

　　拼装式基础由若干块混凝土预制构件组成，可以多次重复使用。塔式起重机安装前，用吊车把拼装基础的各构件吊装到位后，构件之间用钢绞索经张拉连接成整体。由于预制构件是工厂化制作生产，基础的安装速度快、周期短，一般适用于轻型、中型塔式起重机。

2.2.2　钢结构

　　塔式起重机的钢结构件主要由底座、塔身基础节、塔身标准节、回转平台、回转过渡节、塔顶、起重臂、平衡臂、拉杆、司机室、顶升套架、附着装置等部分组成，如图 2-11 所示。

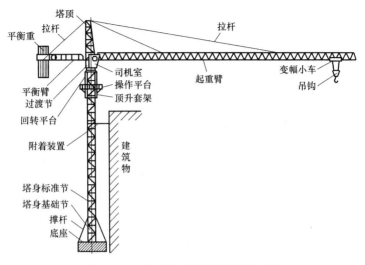

图 2-11 自升式塔式起重机结构示意图

1. 底座

底座安装于塔式起重机基础表面,是塔式起重机最底部的结构,基础地脚螺栓将其与基础连为一体。常见的底座型式有十字梁形、独立底座形、井字形等,如图 2-12 所示。

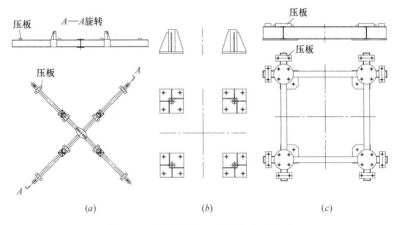

图 2-12 常见的塔式起重机底座型式

(a) 十字梁形底座;(b) 独立底座;(c) 井字形底座

2. 基础节

基础节是塔式起重机塔身和基础相连接的一节，有些塔式起重机不采用基础节，标准节直接安装在底座上。

3. 塔身标准节

标准节是塔身的主体部分，如图2-13所示。标准节有两种型式，一种是焊接成整体的型式，如图2-13（a）所示；另一种是将标准节焊接成4片，在安装时用高强螺栓将其连接成整体，如图2-13（b）所示。

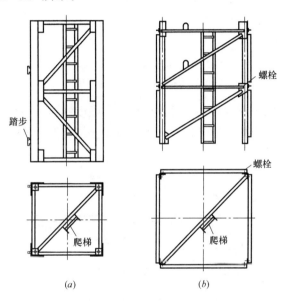

图 2-13　塔身标准节

（a）整体式标准节；（b）片式标准节

标准节的节间用高强度螺栓或销轴连接，如图2-14所示。螺栓级别通常是10.9级。高强度螺栓应按使用说明书要求，采用专用工具拧紧到规定力矩。

4. 回转平台

回转平台由回转下支座、回转支承、回转上支座组成，如图2-15所示。回转下支座与回转支承的外圈连接，回转上支座与

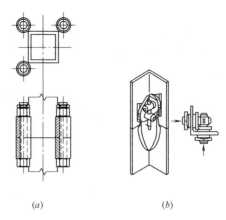

(a) (b)

图 2-14 标准节连接构造示意图

(a) 螺栓连接；(b) 销轴连接

回转支承的内圈连接，连接螺栓均为高强度螺栓。回转上支座上安装有回转机构，驱动回转上支座及以上结构部分随着回转支承的内圈转动。

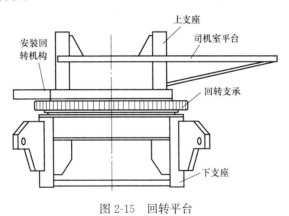

图 2-15 回转平台

5. 回转过渡节

回转过渡节安装在回转上支座的上面，与回转上支座用高强度螺栓连接，如图 2-16 所示。塔顶、起重臂、平衡臂均安装在回转过渡节上。有些塔式起重机没有独立的回转过渡节，将其与回转上支座做成一体。

6. 塔顶

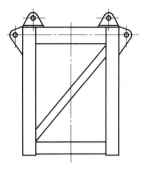

塔顶功能是承受起重臂与平衡臂拉杆传来的载荷，并通过回转支承等结构部件将载荷传递给塔身，也有塔式起重机塔顶上设置主卷扬钢丝绳固定滑轮、风速仪及障碍指示灯。塔式起重机的塔帽结构形式有多种，较常用的有空间桁架式、人字架式及斜撑架式等形式。桁

图 2-16　回转过渡节

架式又分为直立式、前倾式或后倾式，如图 2-17 所示。

7. 起重臂

塔式起重机的起重臂结构形式，有小车变幅式和动臂变幅式两种。

小车变幅式起重臂由多节组成，起重臂节与节之间用销轴连接，根部用销轴与回转塔身连接。起重臂的横截面一般为等腰三角形，两根下弦杆是起重小车运行的轨道，如图 2-18 所示。起重臂上安装有变幅机构，通过收、放变幅卷筒上变幅钢丝绳的方法，拖动变幅小车向前或向后运行。

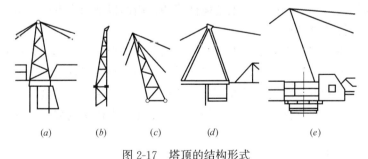

(a)　　　(b)　　　(c)　　　(d)　　　　　(e)

图 2-17　塔顶的结构形式

(a) 直立截锥柱式；(b) 前倾截锥柱式；(c) 后倾截锥柱式；

(d) 人字架式；(e) 斜撑架式

动臂式臂架如图 2-19 所示。臂架中间部分采用等截面平行弦杆，两端为梯形。臂架在回转平面相当于一根悬臂梁的受力情

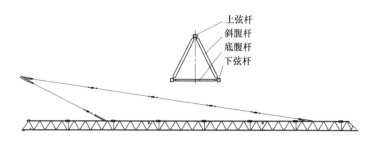

图 2-18 小车变幅式起重臂及拉杆

况，通常臂架制成顶部尺寸小、根部尺寸大的形式。为了便于运输、安装和拆卸，臂架中间部分可以制成若干段标准节，用螺栓连接。

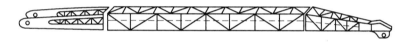

图 2-19 动臂变幅式起重臂

8. 平衡臂

平衡臂如图 2-20 所示，安装于回转过渡节的后面。

平衡臂有两种型式：塔顶是塔帽式的，用两根轴销将平衡臂与回转过渡节铰接；塔顶是桅杆式的，用四根轴销将平衡臂与回转过渡节刚性连接。

塔式起重机的平衡重、起升机构、电控柜等设施都安装在平衡臂上。平衡臂上设置有专用走道，两侧安装有栏杆。

平衡重一般用钢筋混凝土或铸铁制成。平衡重的用量与平衡臂的长度成反比，与起重臂的长度成正比；平衡重的数量和规格应按照使用说明书的规定。

9. 拉杆

拉杆的作用是把起重臂、平衡臂的一端斜拉在塔顶上，分为起重臂拉杆和平衡臂拉杆。起重臂拉杆与起重臂的上弦杆用轴销连接，通常设置有前、后两根。两根平衡臂拉杆并列排列，分别拉在平衡臂两侧的弦杆上。

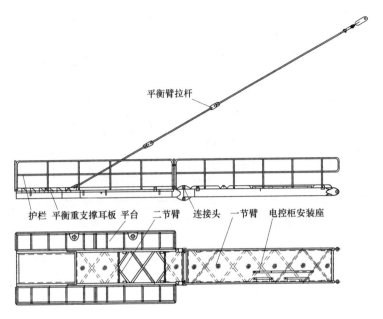

图 2-20 平衡臂及拉杆

（图中标注：平衡臂拉杆；护栏 平衡重支撑耳板 平台 二节臂 连接头 一节臂 电控柜安装座）

10. 司机室

司机室是司机操作塔式起重机的工作场所，司机室内设置有座椅和操纵台，控制塔式起重机的回转、变幅、起升和行走等。

11. 顶升套架

上回转自升式塔式起重机有一个顶升套架。顶升套架分外套架和内套架两种形式。

顶升套架是一个空间桁架结构，其内侧布置数对滚轮或滑板，顶升时滚轮或滑板沿塔身的主弦杆外侧移动，起导向支承作用。顶升套架由角钢、方形钢管或圆钢管制成，根据构造特点，顶升套架又分为整体式和拼装式，根据套架的安装位置也可分为外套架和内套架。塔式起重机完成顶升过程后，顶升套架与下支座连接牢固。有些塔式起重机在完成顶升过程后，利用自身的液压顶升系统，将顶升套架落到塔身根部，其优点是可减轻风荷载对塔式起重机的不利影响，增加塔式起重机的稳定性。

顶升套架上安装有液压油缸，液压油缸的活塞杆通过顶升横梁支撑在塔身标准节上。典型顶升套架如图2-21所示。

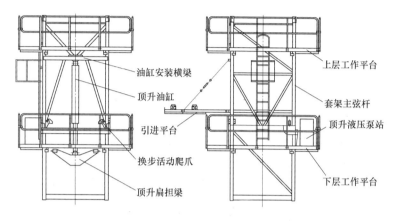

图 2-21　顶升套架

12. 附着装置

附着装置如图 2-22 所示。

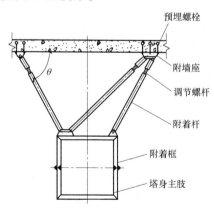

图 2-22　附着装置

当塔式起重机的使用高度超过其规定的独立状态（塔式起重机与邻近建筑物无任何连接的状态）时，需安装附着装置。附着装置的作用是将作用于塔身的弯矩、水平力和扭矩传递到建筑物上，增强塔身的抗弯、抗扭能力。

2.2.3 工作机构

塔式起重机的工作机构有起升机构、变幅机构、回转机构、液压顶升机构和行走机构等。

1. 起升机构

起升机构是塔式起重机最主要的工作机构，用于实现重物垂直运动。起升机构主要由起升卷扬机、钢丝绳、滑轮组、吊钩等组成，如图 2-23 所示。

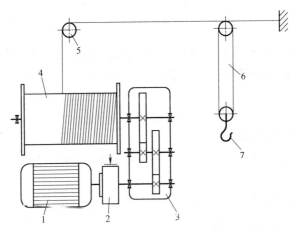

图 2-23　起升机构示意图

1—电动机；2—联轴器和制动器；3—减速器；4—卷筒；
5—导向滑轮；6—滑轮组；7—吊钩

起升卷扬机由电动机、制动器、减速器、联轴器、卷筒等组成，如图 2-24 所示。

电机通电后通过联轴器、减速器带动卷筒转动，电机正转时，卷筒放出钢丝绳；电机反转时，卷筒收回钢丝绳，通过滑轮组及吊钩把重物提升或下降。

起升机构常采用 2 倍和 4 倍率滑轮组，通过倍率的转换来改

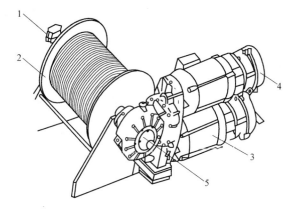

图 2-24 起升卷扬机示意图

1—限位器；2—卷筒；3—绕线异步电动机；4—制动器；5—减速器

变起升速度和起重量。倍率高起重量大，起升速度慢；倍率低起升速度快，起重量小。为了提高工作效率，充分发挥起升电机功率的利用率，实现重载低速、轻载高速，塔式起重机的起升机构均有多种速度，调速分有级调速和无级调速两类。

2. 变幅机构

变幅机构用于改变吊物至塔身的距离，即塔式起重机的工作幅度。

塔式起重机的变幅方式基本上有两类：一类是起重臂为水平形式，载重小车沿起重臂上的轨道移动而改变幅度，称为小车变幅式，如图 2-25 所示；另一类是利用起重臂俯仰运动而改变臂端吊钩的幅度，称为动臂变幅式。

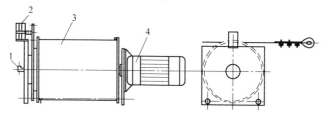

图 2-25 变幅机构驱动示意图

1—注油孔；2—限位器；3—卷筒；4—电动机

小车变幅牵引机构由变幅卷扬机、牵引钢丝绳、导向滑轮和变幅小车等组成。

牵引变幅小车向前、向后运动的钢丝绳彼此独立，卷筒上有绳槽，在全臂长工作时，两绳间至少空余一个绳槽。

卷扬机卷筒顺时针方向旋转时，卷筒收绕前绳放出后绳，拖动小车向前运行。卷筒逆时针方向旋转时，卷筒收绕后绳放出前绳，拖动小车向后运行。

对于最大运行速度超过 40m/min 的变幅机构，为了防止载重小车和吊重在停止时产生冲击，规定应设有慢速挡，在小车向外运行至额定起重力矩的 80％时，变速机构应自动转换为慢速运行。

变幅小车上设置小车断绳保护装置和小车防坠落装置。

3. 回转机构

塔式起重机回转机构由电动机、液力耦合器、制动器、变速箱和回转小齿轮等组成，如图 2-26 所示。

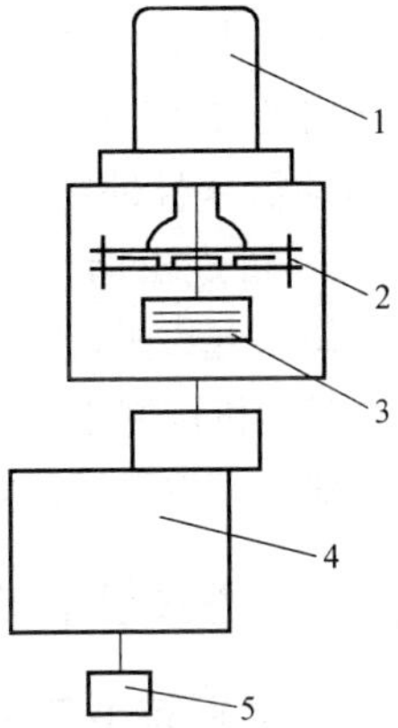

变速箱常用的是行星齿轮变速箱。

塔式起重机回转机构具有调速和制动功能，调速系统主要有涡流制动绕线电机调速、多挡速度绕线电机调速、变频调速和电磁联轴节调速等，后两种可以实现无级调速，性能较好。

现代塔式起重机的起重臂较长，其侧

图 2-26　回转机构示意图
1—电动机；2—液力耦合器；
3—盘式制动器；4—变速
箱；5—回转小齿轮

向迎风面积较大，塔身所承受的风载产生很大的扭矩，甚至发生破坏，所以标准规定，在非工作状态下，回转机构应保证臂架自由转动。根据这一要求，塔式起重机的回转机构一般采用常开式制动器，即在非工作状态下，制动器松闸，使起重臂可以随风向自由转动，臂端始终指向顺风的方向。

4. 液压顶升机构

液压顶升机构主要由顶升套架、作业平台和液压顶升装置组成，如图 2-27 所示。

液压顶升机构用来完成塔式起重机加高的顶升加节工作。能顶升加节是自升式塔式起重机的最大特点，所以它能适应不同高度建筑物。

液压顶升机械工作原理：利用液压泵将原动机的机械能转换为液体的压力能，通过液体压力能的变化来传递能量，经过各种控制阀和管路的传递，借助于液压缸把液体压力能转换为机械能，从而驱动活塞杆伸缩，实现直线往复运动。

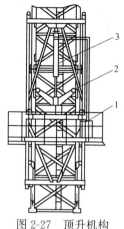

图 2-27　顶升机构
示意图

1—液压装置；2—顶升
横梁；3—顶升油缸

5. 行走机构

塔式起重机行走机构作用是驱动行走塔式起重机沿轨道行驶，配合其他机构完成垂直运输工作。行走机构是由驱动装置和支承装置组成，其中包括：电动机、减速箱、制动器、行走轮或者台车等。

2.2.4　塔式起重机总装配图

1. 上回转小车变幅式有塔帽塔式起重机

上回转自升式小车变幅有塔帽塔式起重机构造如图 2-28 所示，主要由：底架、塔身标准节、顶升套架、顶升油缸、回转下支座、回转支承、回转上支座、回转塔身、平衡臂、平衡重、起升机构、电控柜、塔帽、回转机构、驾驶室、吊臂拉杆、牵引机构、起重臂、变幅小车、起重吊钩等组成。

上回转塔式起重机的突出优点是塔身可以加节升高，与建筑物附着后升得更高。所以中、高层建筑主要使用上回转塔式起重机，这是目前我国建筑工地上用得最多的塔式起重机。

2. 下回转小车变幅塔式起重机

下回转小车变幅塔式起重机构造如图 2-29 所示，主要由：

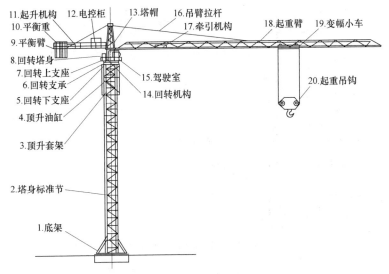

图 2-28　上回转塔式起重机

底座、回转支座、平衡重、平衡臂、起升机构、电控柜、回转机构、平衡拉杆、塔身标准节、起升钢丝绳、扒杆及套架、水平撑杆、连接拉杆、竖直撑杆、吊臂拉杆、牵引机构、起重臂、张力限制器、变幅小车、起重吊钩等组成。

　　下回转塔式起重机的顶部只有起重臂、撑杆、拉杆、变幅机构，如有必要也可挂一个副驾驶室。它的平衡臂、平衡重、起升机构、回转机构、电控系统、主驾驶室都在下面，重心低，所以维保比较方便。下回转塔式起重机的缺点是不能自升和附着，工作高度要低于上回转自升式塔式起重机。下回转塔式起重机只适合低层建筑施工。

3. 动臂变幅塔式起重机

　　动臂变幅塔式起重机构造如图 2-30 所示，主要由：底架、行走台车、回转支承、回转平台、平衡重、下塔身套架、内塔身、变幅钢丝绳、平衡撑架、塔帽、变幅滑轮组、吊臂拉杆、吊重臂、吊钩、起升钢丝绳、驾驶室、变幅机构、起升机构、回转机构等组成。

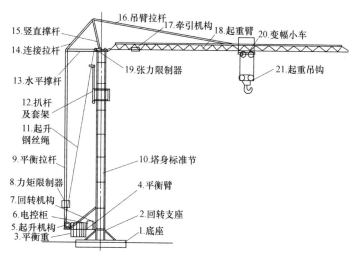

图 2-29　下回转塔式起重机

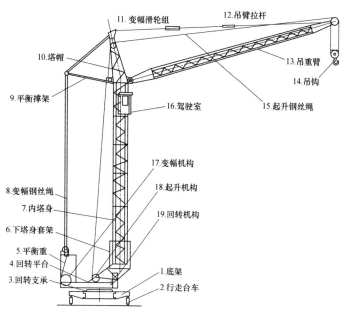

图 2-30　动臂变幅塔式起重机

动臂变幅塔式起重机的臂架是一根桁架式的受压柱，一般为矩形截面，下端铰接在回转塔身顶部，上端用拉索连接塔帽或撑杆。它的变幅靠改变臂架仰角实现。当动臂变幅时，臂架和重物都要上下移动。国内动臂变幅塔式塔式起重机用得不多，但在欧美、东南亚等地区用得不少。

4. 内爬式动臂塔式起重机

内爬式动臂塔式起重机构造如图 2-31 所示，主要由：爬升梁、爬梯、标准节、回转支承、驾驶室、起重臂、吊钩、拉杆、桅杆平台、起升机构、平衡臂、爬升框等组成。

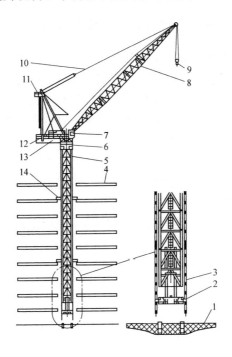

图 2-31　内爬式动臂塔式起重机
1—固定基础；2—爬升梁；3—爬梯；4—楼板；5—标准节；
6—回转支承；7—驾驶室；8—起重臂；9—吊钩；10—拉杆；
11—桅杆平台；12—起升机构；13—平衡臂；14—爬升框

内爬式塔式起重机的塔身只需要少量标准节，它安装在建筑物中间电梯井或其他特定的开间内，在其底部有一套专用的井道爬升装置，可以根据施工进度沿井道爬得很高，而且它处于建筑物中间，故工作覆盖面较大。内爬式塔式起重机的缺点是对建筑物的承载能力有特别的要求，爬升和拆塔操作都比较困难，因此使用较少。

2.3 塔式起重机电气控制原理

2.3.1 塔式起重机电气系统组成及控制方式

塔式起重机的电气系统是由电源、电气设备、导线和低压电器组成。从塔式起重机配备的开关箱接电，通过电缆送至驾驶室内空气开关再到电气控制柜，由设在操作室内的万能转换开关或联动台发生主令信号，对塔式起重机各机构进行操作控制。

1. 塔式起重机的电源

塔式起重机的电源一般采用380V、50Hz、三相五线制供电，工作零线和保护零线分开。工作零线用作塔式起重机的照明等220V的电气回路中。专用保护零线，常称PE线，首端与变压器输出端的工作零线相连，中间与工作零线无任何连接，末端进行重复接地。

2. 塔式起重机的电路

（1）主电路

主电路是指从供电电源通向电动机或其他大功率电气设备的电路，主电路上的电流从几安培到几百安培。此电路还包括连接电动机或大功率电气设备的开关、接触器、控制器等电器元件。

（2）控制电路

控制电路中有接触器、继电器、主令开关、限位器以及其他小功率电器元件等。

（3）辅助电路

辅助电路包括照明电路、信号电路、电热采暖电路等。可以根据不同情况与主电路或控制电路相连。

3. 塔式起重机的控制方式

塔式起重机上常用的控制方式有两种：一种为继电—接触器控制方式；一种为可控制编程器（PLC）控制方式。

（1）继电—接触器控制方式

继电—接触器控制方式采用中间继电器、时间继电器、接触器等实现设备动作的逻辑控制。继电控制方式用于控制简单、逻辑关系不复杂的小吨位塔式起重机上，如 QTZ63 常采用继电控制方式。

（2）可控制编程器（PLC）控制方式

PLC 控制方式是将继电—接触器控制的硬线连接逻辑转变为计算机的软件逻辑编程。它从很大程度上简化了继电—接触器控制的硬线连接线路，实现逻辑关系的简单可变性，可以通过与计算机的连接，修改程序，改变控制逻辑，优化控制方案。使用 PLC 控制方式可以减少设备的故障率，设备的维护、检查及故障的判断更加方便。

2.3.2 塔式起重机主要电气设备和元器件

塔式起重机的控制方式通过相应的电气元器件组搭而成，形成相应的逻辑控制，从而实现塔式起重机的控制。其主要的部件和电气元器件如下：

1. 电动机

塔式起重机一般采用交流电动机，交流电动机按类型分为笼型异步电动机、绕线转子异步电动机等。其中，绕线转子异步电动机以其启动转矩大、启动平稳、控制简单等优点而应用较广。

2. 电控箱

电控箱是整个设备正常运行的中间枢纽，它通过接收操作控制系统的命令及安全保护装置的信号指令，并根据设计好的逻辑关系，确保动作执行机构正确、安全运行。电控箱内由各种不同的电气元器件组搭实现塔式起重机逻辑控制。

3. 操作台

操作台是塔式起重机动作的命令源，只有通过操作台给出正确的指令，塔式起重机的各个机构才能做出对应的正确动作。操作台设有零位自锁装置，在对操作手柄操作前，需进行零位解锁，零位解锁分为下压式和上提式。

4. 空气开关

空气开关可以在电路发生故障时（短路、过载或失压）自动分开、切断电源（即自动跳闸）。

5. 限位开关

限位开关是用来控制接触器或继电器的线圈电路接通或断开的。它是通过机械或其他物件的碰撞，利用其撞块的压力使限位开关的触头闭合或断开，作为行程控制和限位控制，用于塔式起重机各工作机构的安全保护。

6. 断路器

断路器主要用于动力回路和控制回路中，起到短路和过载保护作用。

7. 欠压、过压、错断项及相序保护

欠压、过压、错断、相序保护是一种对电压进行检测的保护装置，当供给的电压出现欠压、过压、错断项、缺相、相序不正确等不正常情况时，保护器动作，切断设备电源，保护设备的安全。

8. 可编程控制器

可编程控制器又称 PLC，是将控制逻辑通过软件编程进行集中控制的电气元件，通过 PLC 可以减少大批量的中间继电器和时间继电器的使用，减小电控箱的外观尺寸。

9. 接触器

接触器是用于动力回路中，对电动机的正、反转及挡位切换等进行控制。

10. 时间继电器及中间继电器

时间继电器和中间继电器是在接触—继电控制回路中用于组搭控制逻辑的电气元器件，对整个控制回路的逻辑关系进行控制。

11. 热继电器

热继电器主要是对电动机的过载保护，当电动机过载而使电动机发热时，热继电器动作，切断电动机工作，从而起到保护作用。

12. 变频器及制动单元

变频器是用于对变频电动机的调速使用，使用变频器调速可以实现电动机的低速就位并起到制动的平稳，减少冲击，同时还可以实现电动机的无级调速。

制动单元是在电动机减速或重载下放时，将电动机产生的电能进行释放的电气元器件。

13. 变压器

变压器是将380V电压转换成所需要的控制电压或安全电压的电气元件，在塔式起重机控制回路中的控制电压必须经过隔离变压器取得。

14. 熔断器

熔断器是借熔体在电流超出限定值而熔化、分断电路的一种用于过载和短路保护的电器元件。当用电设备发生过载或短路时，熔体能自身熔化分断电路，避免由于过电流热效应及电动力引起对用电设备的损坏。

15. 电缆

电缆是连接电源、操作台、电控箱、电动机的中间连接件。通过电缆，塔式起重机电控系统的各个部分有机地联系在一起，确保塔式起重机的运行。电缆分为动力电缆和控制电缆。

16. 电缆卷筒

轨道式塔式起重机必须装有电缆卷筒。当塔式起重机行走时，由电缆卷筒收放电缆。外电源经由电缆卷筒引到塔式起重机控制柜再分送到各个用电部位。电缆卷筒见图2-32。

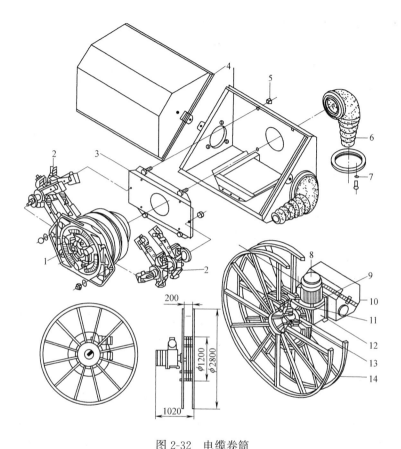

图 2-32　电缆卷筒

1—集电环组件；2—电刷；3—支座；4—集电环罩盖；5—螺母；
6—套管；7—环座及螺栓；8—电动机；9—集电环组件；
10—集电环部件；11—螺栓及垫圈；12—摩擦传动部件；
13—电缆扣；14—电缆卷筒法兰盘端板

2.3.3　塔式起重机电气控制原理

塔式起重机电控系统根据实际控制需求的不同，可能存在多种组合形式，但均是基于电动机拖动控制和安全保护而设计，由各个运行机构的供电回路、控制回路、安全保护回

路、辅助功能回路等构成，塔式起重机工作机构的典型控制
电路如下：

1. 起升机构

三速电机的调速及控制系统分析：在中、小型塔式起重
机的起升机构上，最常用的是三速电动机，下面以 TC5013
型塔式起重机的起升电路为例加以分析说明，其主电路见图
2-33。

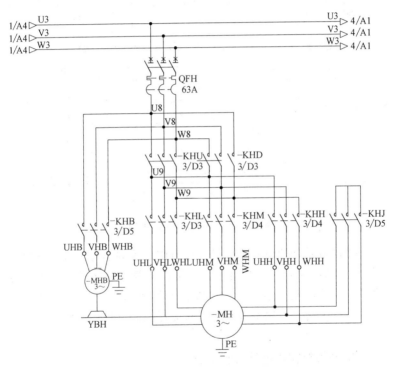

图 2-33　三速电机主回路图

工作原理：外电源接通后，按下启动按钮使 QFH 接通，然
后视需要上升或下降，上升时 KHU 接通，下降时 KHD 接通，
当操作手柄放在上升或下降一挡时，KHL 接通，电动机以低速
启动运行；当操作手柄放在二挡时，KHJ、KHM 接通，电机以

中速运行；当操作手柄放在三挡时，KHH 接通，电机以高速运行。在 KHU 或 KHD 接通时，通过 KI-IB 使制动器通电松闸。其间每挡均有时间继电器延时，以免司机误操作（如从 0 直接操作到第三挡）而造成速度冲击。

控制回路图见图 2-34。

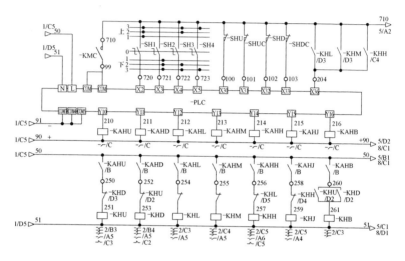

图 2-34　三速电机控制回路图

操纵台起升挡位开关信号及起升限位器等信号由可编程控制器 PLC 的输入端输入可编程控制器，可编程控制器通过逻辑运算、分析后，发出指令，由可编程控制器输出端子输出相关信号，使有关接触器通电或断电，从而操纵起升机构按照需要的速度工作。

2. 回转机构的电气控制系统

回转机构是塔式起重机四大机构中工况最为复杂的一个机构，它不但受到吊重大小的影响，还要受到惯性力、风力的影响，特别是现在塔式起重机起重臂设计得越来越长，对调速和控制系统的性能要求也就更高。回转机构常用的调速系统有：

（1）绕线电机转子串电阻，与液力耦合器相配合，使启动、换速和停车减小冲击，但顺风时停车不方便，要打反车，这是最常用的一种调速方式。

（2）绕线电机转子串电阻，与涡流制动器相配合，这种调速方式适用于一个回转机构上，对两个回转机构由于涡流制动器的特性差异较大，往往容易造成一个电动机过载而损坏电动机。

（3）定子调压调速，一般采用闭环系统（也有采用开环的），能实现无级调速，电动机需采用力矩型电动机或绕线电动机转子串电阻。

（4）变频调速，通过改变电源频率来改变电动机转速，可以实现真正的无级调速。

图 2-35 为变频调速回转机构的主回路图。

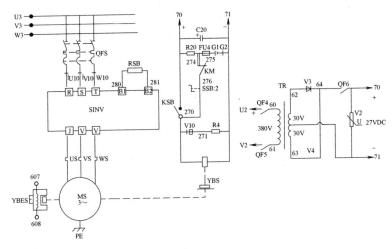

图 2-35　变频调速回转机构主回路图

工作原理：外电源接通后，按下启动按钮，使 QFS 接通，使三相电源输入回转变频器 SINV，回转变频器通过可编程控制器提供的指令，改变电源频率后输出给回转电动机 MS，从而使回转电动机实现无级调速。回转涡流制动器 YBSE 在回转过程中起一个恒定负载的作用，各挡的涡流值大小由可编程控制器设置而定，从而产生所需要的不同负载。在涡流制动器的配合下，盘式制动器 YBS 可在重物就位停稳时固定起重臂，起到不让其被风吹动的作用。

回转机构的控制回路见图 2-36，联动台回转挡位开关信号及回转限位信号由可编程控制器 PC 的输入端输入，可编程控制器通过逻辑运算、分析后，发出指令，由可编程控制器输出端子输出相关信号，指示回转变频器 SINV 按照不同的频率工作，从而达到稳定调速的目的。

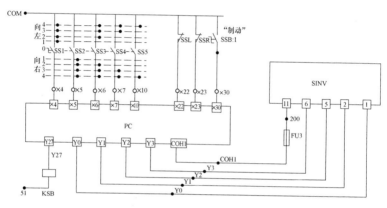

图 2-36　变频回转机构控制回路图

3. 小车变幅机构的电气控制系统

小车变幅机构是塔式起重机四大机构中对调速性能要求较低的一个机构，一般以起重臂的长短来确定不同的调速方式。起重臂较短的，如 30m 以内一般用单速电动机，只有一个速度；臂长在 30～50m 的采用双速电动机，小车有两个速度；臂长在 50m 以上，宜采用变频无级调速。图 2-37 为双速电动机小车变幅机构主回路图。

工作原理：外电源接通后，按下启动按钮，使 QFV 接通，然后视需要向外或向内变幅，向外变幅时，KVFW 接通；向内变幅时，KVBW 接通；当操作手柄放在一挡时，KVH 接通，电动机以低速运行；当操作手柄放在二挡时，KVJ、KVL 接通，

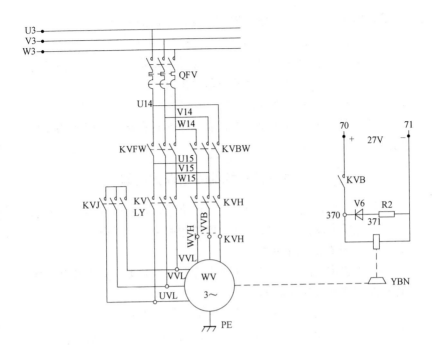

图 2-37 双速电动机小车变幅机构主回路图

电动机以高速运行。YBV 为常闭盘式制动器，只有在 QFV 接通时才被打开。

目前，国内塔式起重机采用变频技术，使用变频技术具有以下显著的优点：

（1）失速保护

当起升钢丝绳运行速度超过设定值时，自动启动报警与制动装置。

（2）轻载自动升速功能

对持续轻载（额定载荷 30％以下）提升时，可自动逐渐加速提升。

（3）逻辑抱闸控制功能

通过松闸频率、松闸电流、制动器释放时间、制动器闭合时间等，实现专用的逻辑抱闸控制，保证系统的安全和可靠性。

（4）精确控制

电流承载能力强，启动平稳无晃动，跟钩容易，点动强劲有力，大臂平稳无晃动，高速停机就位准确。

（5）制动电阻短路保护功能

塔式起重机专用变频器内置制动单元具有制动电阻短路保护功能。

2.3.4 塔式起重机电控系统的安全保护措施

塔式起重机电控系统的安全保护措施是指对电气系统本身的保护，包括电动机、电气元件的保护和避免人体触电等。

1. 主电路的安全保护

塔式起重机的主电路，通常设置有铁壳开关、空气开关、错断相保护器和总接触器等。

铁壳开关常装在塔式起重机底节，作为电源引入用。空气开关带有自动脱扣器，可以起到过流自动脱扣或失压自动脱扣的作用，从而保护整个电路不会有过流或者失压的危险。

错断相保护主要是防止主电路换相或缺相带来的影响，如起升、下降、左转、右转、向外、向内等。如果主电路换相，会引起误操作，有了错断相保护，就会先把相序改过来再操作。

总接触器是由操作人员通过按钮控制主电路的接通和断开。通常的急停就是断开总接触器。总接触器的接通受很多条件限制，如起升、回转、牵引机构的操作手柄一定在中位，不能由于操作未准备好或停电后忘记复位，一按启动按钮塔式起重机就开始动作。

热继电器保护，其常闭触头在总接触器回路，当电机长时间过载或局部短路而发热严重，热继电器动作，常闭触头跳开，切断主电源。

2. 电动机的保护装置

（1）短路保护

熔断器和过流自动脱扣开关就是短路保护装置。三相异步电动机发生短路故障或接线错误短路时，将产生很大的短路电流，如不及时切断电源，将会使电动机烧毁，甚至引发事故。加装短路保护装置后，短路电流就会使装在熔断器中的熔体或熔断丝立即熔断，从而切断电源，保护了电动机及其他电气设备。

（2）过载保护

热继电器就是电动机的过载保护装置。电动机因某种原因发生短路时过载运行并不会马上烧坏电动机，但长时间过载运行就会严重过热从而烧坏铁芯绕组，或者损坏绝缘而降低使用寿命。因此，在电路中需要加装热继电器加以保护。

（3）欠压保护

电动机的电磁转矩是与电压的平方成正比的，即 $N = V^2/R$。若电源电压过低，而外加负载仍然是额定负荷，将使电动机的转速下降，依靠加大转差率来获得所需要的电磁转矩，这时转子内感应电流大大增加，定子电流也增加。电动机长时间地在低速大电流下运行，发热严重，由于功率等于电流的平方乘以电阻（$N = I^2 \cdot R$），电动机容易烧坏。欠压保护装置能在电压过低时及时切断电动机的电源。

3. 用电安全

塔式起重机主要由金属结构件组成，如果电路漏电，将对人体造成伤害，所以电气系统必须有这方面的安全保护。

（1）操作系统的安全电压

塔式起重机的控制电路要求用电源隔离变压器，把 380V 电压变为 42V 及以下的安全电压，提高安全保障。

（2）漏电保护

施工现场总配电箱和开关箱中各配有一个漏电保护器，塔式起重机开关箱中漏电保护器的额定漏电动作电流不应大于 30mA，额定漏电动作时间不应大于 0.1s。

（3）TN-S 系统

塔式起重机的电源采用 TN-S 系统，即三相五线制供电，如

图 2-38 所示。

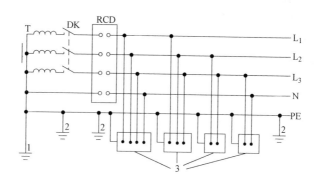

图 2-38 TN-S 系统

1—工作接地；2—PE 线重复接地；3—电气设备金属外壳（正常
不带电的外露可导电部分）；L_1、L_2、L_3—相线；
N—工作零线；PE—保护零线；DK—总电源隔离开关；
RCD—总漏电保护器（兼有短路、过载、漏电保护功能的漏电断路器）

三相五线制包括三相电的三个相线（A、B、C 线）、中性线
（N 线）以及地线（PE 线）。设备外壳上电位始终处在"地"电
位，从而消除了设备产生危险电压的隐患。

三相五线制标准导线颜色为：A 线黄色，B 线绿色，C 线红
色，N 线淡蓝色，PE 线黄绿色。

（4）接地

塔式起重机的金属结构、电控柜应可靠接地，接地电阻不得
大于 4Ω。电气系统的中线要与电源的中线接好，不可随意接在
金属构件上，中线与地线要分开，以免发生意外漏电事故或三相
电压不平衡。

（5）电气系统的绝缘

电路系统的对地绝缘电阻应大于 0.5MΩ，防止意外接通金
属结构件。电线电缆不得与尖锐的金属接触，防止磨破发生漏电
事故。

4. 信号显示装置

塔式起重机安装后，会影响周围环境条件，应设置必要的信号显示装置，提醒相关人员的注意。

（1）电铃

电气系统应装有电铃或报警器，塔式起重机运行前，操作人员须用电铃声响通知相关人员，提醒注意。

（2）蜂鸣器及超力矩指示灯

联动操作台内设蜂鸣器，当塔式起重机起重力矩达到额定力矩的90％时，蜂鸣器和指示灯会发出声响和灯光，提醒操作人员小心操作，塔式起重机已接近满负荷。

（3）障碍指示灯

为避免其他物体与塔式起重机发生碰撞，在其顶部和起重臂前端，各装一个红色障碍灯，以指示塔式起重机的最大轮廓、高度和位置。这些障碍灯，在晚间应接通，主要防止飞机或其他物体撞击塔式起重机。障碍灯电源供电不受停机的影响。

（4）电源指示

在塔式起重机的操作台面板上，装有电源指示灯和电压表，当合上空气自动开关后，总电源接通，电压表的电压显示出来。一般要求电压在380V±10％的范围内，才可以正常操作。当按下总开关按钮后，电源指示灯亮，表示控制系统已通电，可正常工作。

2.4 塔式起重机稳定性

2.4.1 塔式起重机的稳定性

塔式起重机的稳定性，是指塔式起重机在自重和外载荷的作用下抵抗翻倒的能力。塔式起重机存在着整机稳定性及安装过程的稳定性问题。

1. 影响塔式起重机稳定性因素

影响塔式起重机稳定性的荷载主要有自重荷载、起升荷载、风荷载和惯性荷载等。保持塔式起重机稳定的作用力是塔式起重机的自重和压重；引起塔式起重机倾翻的作用外力是风荷载、吊载和惯性力等。图 2-39 为塔式起重机整机倾覆力矩示意图。

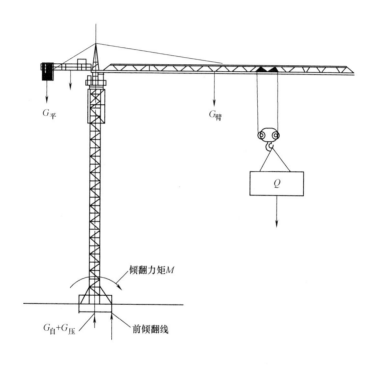

$G_平$

$G_臂$

Q

倾翻力矩M

$G_自+G_压$ 前倾翻线

图 2-39　塔式起重机整机倾覆力矩示意

2. 使用过程稳定性保证措施

（1）基础

基础不平，地耐力不够，易使塔式起重机倾覆。塔式起重机的基础应按国家现行标准和使用说明书所规定的要求进行设计和施工，施工单位应根据地质勘察报告，确认施工现场的地基承载能力。

（2）动载荷

动载荷是由运动速度改变引起的，塔式起重机动载荷主要有惯性载荷、振动载荷及冲击载荷。操作过程中应做到平稳，避免急停、急起、急刹车。

（3）大风

风荷载不仅取决于塔式起重机塔身结构迎风面积的大小，而且与塔身的安装高度有关。严禁在塔身附加广告牌或其他标语牌，遇有六级及以上大风天气时，停止作业。

（4）超载

超载对塔式起重机结构将造成危险性破坏，同时，起重量越大，产生的倾翻力矩也越大，容易使塔式起重机倾覆。塔式起重机作业中严禁超载。

（5）斜吊

斜吊重物时会加大塔式起重机的倾覆力矩。在起吊点处会产生水平分力和垂直分力，在塔式起重机底部支承点会产生一个附加的倾覆力矩，从而减少了稳定系数，造成塔式起重机倾覆。塔式起重机作业中不得斜吊。

（6）超偏

垂直度误差过大，会造成塔式起重机的倾覆力矩增大，使塔式起重机稳定性减少。塔式起重机在安装使用中垂直度误差不得超过相关规定。

（7）晃扭

塔式起重机在操作中经常采取起升、变幅、回转等多个动作同时进行，这样容易加大塔式起重机标准节的晃动性扭力。在作业中应减少多个动作同时进行。

3. 安装拆卸过程稳定性保证措施

（1）安装拆卸顺序

在塔式起重机安装拆卸过程中，一般都由辅助起重设备来安装或拆卸平衡臂、平衡重、起重臂，由于安装拆卸平衡臂、平衡重、起重臂的过程中对塔身均产生不平衡力矩，所以在安装拆卸顺序上要按照使用说明书和安装方案实施，安装拆卸过程中不得随意改变顺序；否则，易造成塔式起重机倾覆。

（2）标准节顶升下降过程的平衡性

利用液压机构进行塔身升降作业的塔式起重机，在顶升下降油缸作业时，塔式起重机上部构造相对油缸支承点应尽可能处于平衡状态，即塔式起重机上部结构的重量及对支点的力矩是定值，只能通过调整该塔式起重机的变幅小车位置及其吊重所产生的前倾力矩来平衡。如果小车位置和吊重的重量不符合要求，会造成前、后倾力矩不平衡，增加顶升作业时的阻力。

顶升作业时，严禁塔式起重机回转作业，因为塔式起重机回转中心与顶升油缸支承点并非一点，回转后上部结构重量会对顶升油缸支承点产生侧向的倾覆力矩，严重时发生塔式起重机上部倾倒事故。

套架与塔身标准节之间设有两组滚轮，在设计范围内的不平衡力矩均可由套架滚轮以水平力形式平衡。顶升作业时，应调整滚轮与塔身标准节之间间隙，使套架两组滚轮与塔身标准节之间的间隙基本一致。

2.4.2 塔式起重机的附着装置

当塔式起重机的使用高度超过其规定的独立状态时，应按塔式起重机使用说明书的规定设置附着装置。

1. 附着装置的组成

附着装置一般由附着框、附着杆及附墙支座等组成，常见的附着装置布置方式有3杆方式和4杆方式，如图2-40所示。

附着框是由型钢、钢板拼焊成的箱形钢结构。附着杆是用角钢、槽钢、工字钢或方钢管及圆钢管等型钢制作。附墙支座有单销墙座和双销墙座两种，安装时用预埋螺栓或穿墙螺栓固定在建筑物的梁、柱、剪力墙上。附着框、附着杆、附墙支座应由塔式起重机生产厂家提供。

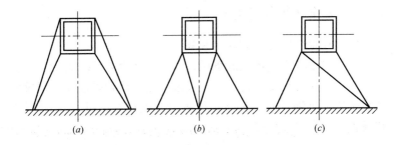

图 2-40　塔机附着装置形式

（a）四联杆两点固定；（b）四联杆三点固定；（c）三联杆两点固定

2. 附着装置的作用

附着装置主要作用是增加塔式起重机的使用高度，保持塔式起重机的稳定性。

附着框的作用是将附着装置对塔身的作用力均匀地传递到塔身的 4 根主肢上，以增加塔身的刚度和整体稳定性，附着框与塔身主肢之间应无间隙，紧密结合。

附着杆的作用是将塔式起重机附着力传递到建筑物上。

附墙支座的作用是把附着杆可靠地固定在建筑结构上。

附着装置受力的大小与塔式起重机的悬臂高度和两道附着装置之间垂直距离有关。附着装置安装完毕后，通过附着杆将塔式起重机附着力传递到建筑物上。对于有多道附着的塔式起重机，其最高一道附着装置以上的悬臂塔身根部将承担较大载荷，最高一道附着装置承载的载荷比例也最大。

2.5　塔式起重机安全防护装置

安全防护装置是塔式起重机的重要组成部分，其作用是保证塔式起重机在允许载荷和工作空间中安全运行，防止误操作而导致严重后果，保证设备和人身的安全。

2.5.1 安全防护装置类型

塔式起重机应设置的安全装置有：

（1）对于各类型塔式起重机，应设置起重力矩限制器、起重量限制器、起升高度限位器、幅度限位器、回转限位器、钢丝绳防脱装置、报警及显示记录装置等。臂根铰点超过 50m 的塔式起重机，应配备风速仪。

（2）对于小车变幅式塔式起重机，应设置小车断绳保护装置、小车防坠落装置。

（3）对于动臂变幅式塔式起重机，应设置动臂变幅幅度限制装置。

（4）对于轨道运行的塔式起重机，应设置运行限位器、抗风防滑装置。

（5）对于自升式塔式起重机，应具有可靠的防止在正常加节、降节作业时，爬升装置从塔身支承中或油缸端头从其连接结构中自行（非人为操作）脱出的功能。

2.5.2 安全防护装置的构造和工作原理

1. 起重力矩限制器

起重力矩限制器的作用是控制塔式起重机使用时，不得超过最大额定起重力矩，因此起重力矩限制器是塔式起重机重要的安全装置之一。

起重力矩限制器分为电子式和机械式。机械式力矩限制器又有弓板式和杠杆式等多种形式。按受力变形方式不同，弓板式起重力矩限制器有拉伸式和压缩式两种，其外形和构造如图 2-41 所示。

拉伸式起重力矩限制器弓形板的两端焊接在塔帽后弦杆上。吊重作业时，塔帽后弦杆受拉延伸，弓形板长度方向尺寸 L 伸长，宽度方向尺寸 H 缩小，当超过设定的额定起重力矩值时，

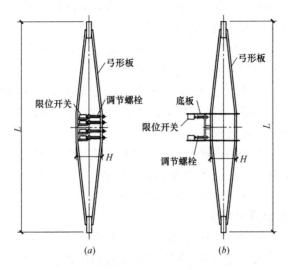

图 2-41　起重力矩限制器构造示意图

(a) 拉伸式；(b) 压缩式

调节螺栓触及限位开关，限位开关动作，断开起升机构上升电路和变幅小车向外电路。

压缩式起重力矩限制器焊接在塔帽的前弦杆，或者桅杆式塔式起重机平衡臂的上弦杆上。吊重时，塔帽的前弦杆，或桅杆式塔式起重机平衡臂的上弦杆受压缩短，L 尺寸也相应缩短，H 尺寸增大，固定在底板上的限位开关向右移动，调节螺栓向左移动。超过设定的力矩值时，调节螺栓触及限位开关，限位开关动作，断开起升机构上升电路和变幅小车向外电路。

使起重力矩限制器动作的信息来源于结构的变形。吊物越重，塔帽主弦杆或者平衡臂上弦杆的变形量越大，L 和 H 尺寸的变化量也越大。

塔式起重机的最大起重力矩是确定的，超过最大起重力矩就有倾覆或折臂的危险，起重力矩限制器是保护塔式起重机最重要的安全装置。起重力矩仅对塔式起重机臂架的纵垂直平面的超载力矩起保护作用，不能防止由于斜吊、风载、轨道倾斜或陷落等原因引起的倾覆。起重力矩限制器根据塔式起重机形式不同，可安装在塔帽、起重臂根部等部位。

塔式起重机应安装起重力矩限制器。如设有起重力矩显示装置，则其数值误差不应大于实际值的±5％。

当起重力矩大于相应工况下的额定值并小于该额定值的110％时，应切断吊钩上升和幅度增大方向的电源，但机构可作下降和减小幅度方向的运动。

对小车变幅的塔式起重机，其最大变幅速度超过 40m/min，在小车向外运行且起重力矩达到额定值的 80％时，变幅速度应自动转换为不大于 40m/min 的速度运行。

2. 起重量限制器

起重量限制器的作用是限制最大起重量，防止塔式起重机的吊物超过最大额定荷载，避免发生机械损坏事故。起重量限制器有多种结构形式，如图 2-42 所示是其中两种。

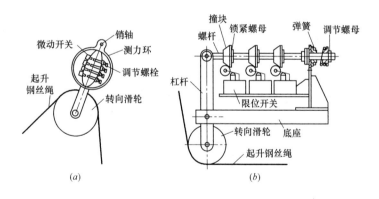

图 2-42　两种起重量限制器结构示意

（a）安装在塔帽上的起重量限制器；（b）安装在起重臂根部的起重量限制器

起重量限制器悬挂在塔帽上的如图 2-42（a）所示。起升钢丝绳从起升机构的排绳轮引出，绕过该起重量限制器的转向滑轮，引向起重臂根部的转向滑轮。吊重作业时，起升钢丝绳张力的合力使转向滑轮向下位移，测力环变形，两弹簧片之间的间距变小，当吊物重量超过设定值时，调节螺栓触及微动开关的触头，切断起升机构上升方向的电源。

起重量限制器安装在起重臂根部的如图 2-42（b）所示。起升钢丝绳从塔帽转向滑轮引入，绕过该起重量限制器的转向滑轮后，引向变幅小车的转向滑轮。起升钢丝绳张力的合力推动杠杆按逆时针方向转动，杠杆拉动螺杆向左移动，当吊物重量超过设定值时，螺杆上的撞块触及行程开关的滚轮，行程开关动作，切断起升机构上升方向的电源。

塔式起重机应安装起重量限制器。如设有起重量显示装置，则其数值误差不应大于实际值的±5％。

当起重量大于相应挡位的额定值并小于该额定值的110％时，应切断吊钩上升方向的电源，但机构可作下降方向的运动。

3. 行程限位器

塔式起重机起升高度限位器、幅度限位器、回转限位器通常选用 DXZ 多功能限位器作为限位电器元件，DXZ 多功能行程限位器内部结构如图 2-43 所示。

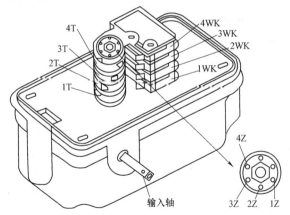

图 2-43　DXZ 多功能行程限位器结构示意图

1T、2T、3T、4T—凸轮；1WK、2WK、3WK、4WK—微动开关；

1Z、2Z、3Z、4Z—调整轴

起升高度限位器、幅度限位器、回转限位器的安装位置，如图 2-44 所示。

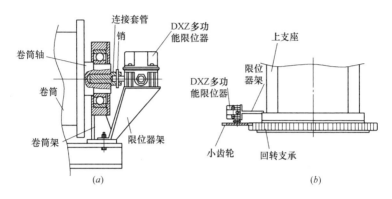

图 2-44 DXZ 多功能限位器安装位置示意
（a）起升高度限位器、幅度限位器；（b）回转限位器

DXZ 多功能行程限位器有 4 组微动开关，可控制 4 条电路。

调整轴（Z）对应的记忆凸轮（T）及微动开关（WK）分别为：

1Z—1T—1WK

2Z—2T—2WK

3Z—3T—3WK

4Z—4T—4WK

（1）起升高度限位器

起升高度限位器用于防止在吊钩提升或下降时，可能出现的操作失误。当吊钩滑轮组上升接近载重小车时，应停止其上升运动；当吊钩滑轮组下降接近地面时，防止卷筒上的钢丝绳松脱甚至以相反方向缠绕在卷筒上。当吊钩装置顶部升至小车架下端的最小距离为 800mm 处时，应停止起升运动，但有下降运动。

（2）幅度限位器

1）小车变幅式塔式起重机，应设置小车行程限位开关，其作用是限制载重小车在吊臂的允许范围内运行，限制小车最大幅度位置的是前限位，限制小车最小幅度位置的是后限位。限位开关动作后应保证小车停车时其端部距缓冲装置最小距离为 200mm。

2）动臂变幅式塔式起重机应设置臂架低位置和臂架高位置的幅度限位开关，以及防止臂架反弹后翻的装置。

（3）回转限位器

对回转部分不设集电器的塔式起重机，应设置正反两个方向回转限位开关。回转限位开关的作用是防止塔式起重机连续向一个方向转动，把电缆扭断发生事故。开关动作时臂架旋转角度应不大于±540°。回转限位器的安装位置如图 2-44（b）所示。

4. 行走限位器

对于轨道运行的塔式起重机，每个运行方向应设置限位装置，限位装置由限位开关、缓冲器和终端止挡器组成。缓冲器是用来保证轨道式塔式起重机能比较平稳的停车而不至于产生猛烈的撞击。应保证开关动作后，塔式起重机停车时其端部距缓冲器最小距离为 1m，缓冲器距终端止挡最小距离为 1m。如图 2-45 所示，为一大车运行限位器，通常装设于行走台车的端部，前后台车各设一套，可使塔式起重机在运行到轨道基础端部缓冲止挡装置之前完全停车。

5. 缓冲器及止挡装置

塔式起重机行走和小车变幅的轨道行程末端，均需设置止挡装置。缓冲器安装在止挡装置或塔式起重机（变幅小车）上，当塔式起重机（变幅小车）与止挡装置撞击时，缓冲器应使塔式起重机（变幅小车）较平稳地停车而不产生猛烈的冲击。

6. 夹轨器

轨道式塔式起重机应安装夹轨器，夹轨器的作用是塔式起重机在非工作状态时，夹紧在轨道两侧，使塔式起重机不能在轨道上移动。塔式起重机使用的夹轨器一般为手动机械式夹轨钳，如图 2-46 所示。夹轨钳安装在每个行走台车的车架两端，非工作状态时，把夹轨器放下来，转动螺栓，使夹钳夹紧在起重机的轨

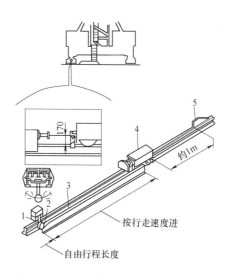

图 2-45　行走式塔式起重机运行限位器

1— 限位开关；2—摇臂滚轮；3—坡道；4—缓冲器；5—止挡块

道上。工作状态时，把夹轨器上翻固定。

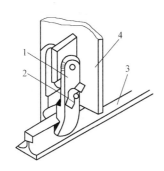

图 2-46　塔式起重机
夹轨钳结构简图

1—夹钳；2—螺栓、螺母；
3—钢轨；4—台车架

7. 风速仪

臂根铰点高度超过 50m 的塔式起重机，应配备风速仪。当风速大于工作极限风速时，应能发出停止作业的警报。如图 2-47 所示为 YHQ-1 型风速仪组成示意图。它是一种塔式起重机常用的风速仪，当风速大于工作极限风速时，仪表能发出停止作业的声光报警信号，并且其内控继电器动作，常闭触点断开。塔式起重机装此风速仪，将该触点串接在电路中，就能控制塔式起重机安全、可靠地工作。

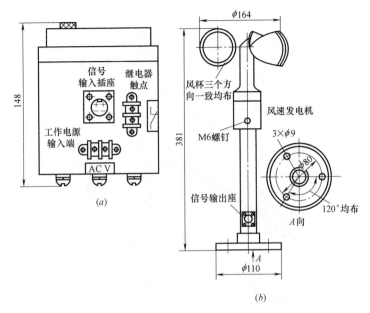

图 2-47　YHQ-1 型风速仪组成示意图

（a）风速仪内控继电器输入输出端图；（b）风速传感器

8. 小车断绳保护装置

对于小车变幅式塔式起重机，为了防止小车牵引绳断裂导致小车失控，变幅的双向均设置小车断绳保护装置。

目前应用较多且简单、实用的断绳保护装置为重锤式偏心挡杆，如图 2-48 所示。塔式起重机小车正常运行时挡杆 2 平卧，张紧的牵引钢丝绳从导向环 3 穿过。当小车牵引绳断裂时，挡杆 2 在偏心重锤 6 的作用下，翻转直立，遇到臂架的水平腹杆时，就会挡住小车的溜行。每个小车均各有两个小车断绳保护装置，分别设于小车的两头牵引绳端固定处。当采用双小车系统时，设于外小车或主小车。

9. 小车断轴保护装置

小车变幅式塔式起重机，应设置变幅小车断轴保护装置，即使轮轴断裂，小车也不会掉落。

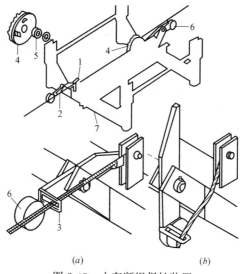

(a) (b)

图 2-48 小车断绳保护装置

（a）小车钢丝绳完好；（b）小车钢丝绳断裂、断绳装置起作用

1—牵引绳固定绳环；2—挡杆；3—导向环；4—牵引绳棘轮张紧装置；

5—挡圈；6—重锤；7—小车支架

图 2-49 所示为小车断轴保护装置结构示意图。小车断轴保

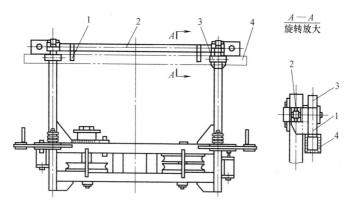

图 2-49 小车断轴保护装置结构示意图

1—挡板；2—小车上横梁；3—滚轮；4—吊臂下弦杆

护装置即是在小车架左右两根横梁上各固定两块挡板，当小车滚轮轴断裂时，挡板即落在吊臂的弦杆上，挂住小车，使小车不致脱落，从而避免造成重大安全事故。

10. 顶升防脱装置

自升式塔式起重机应具有可靠的防止在正常加节、降节作业时，爬升装置从塔身支承中或油缸头从其连接结构中自行（非人为操作）脱出的功能。

爬升装置防脱功能，是防止因顶升横梁两侧的轴销（爬爪）未安装到位（踏步的轴销孔中）而发生事故。如图 2-50 所示是一种顶升防脱装置示意图。

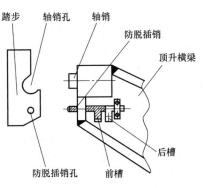

图 2-50　顶升防脱装置示意图

11. 钢丝绳防脱装置

滑轮、起升卷筒及动臂变幅卷筒均应设有钢丝绳防脱装置，该装置与滑轮或卷筒侧板最外缘的间隙不应超过钢丝绳直径的20%。吊钩应设有防钢丝绳脱钩的装置。

12. 报警装置

塔式起重机应装有报警装置，在塔式起重机达到额定起重力矩或额定起重量的 90% 以上时，装置应能向司机发出断续的声光报警。在塔式起重机达到额定起重力矩和额定起重量的 100% 以上时，装置应能发出连续、清晰的声光报警。

13. 警示灯

当塔顶高度大于 30m 且高于周围建筑物的塔式起重机，应在塔顶和起重臂的端部安装红色障碍指示灯，该指示灯的供电不受停机的影响。塔式起重机操作人员在下班或晚上作业时，应把障碍指示灯及时打开，提醒空中飞行物注意避让。

14. 电笛

电笛或电铃起提示、提醒作用。用笛声告诉现场作业人员塔式起重机即将作业或吊物将至，提醒他们注意避让。塔式起重机操作人员在起升、变幅、回转、运行作业中必须鸣电笛（电铃）示警。

15. 安全监控装置

安全监控装置是安装在塔式起重机上，使用数字化技术来对塔式起重机进行辅助安全管理的装置。

安全监控装置主要由传感器、设备主机（包含分析处理及传输控制功能）、视频采集器、信号传输器和后台管理网络组成，可以对塔式起重机使用和管理者进行风速、超载、限位、群塔碰撞、区域限位、倾翻等情况进行报警和记录，并能进行远程监视与操作干涉，是对施工现场塔式起重机的安全使用、管理、监控的发展方向。

3 塔式起重机的安装、拆卸安全技术

3.1 塔式起重机的安装、拆卸

3.1.1 塔式起重机安装、拆卸的基本要求

1. 安装、拆卸单位

从事建筑起重机械安装、拆卸活动的单位应当依法取得建设主管部门颁发的相应资质（即起重设备安装工程专业承包资质）和建筑施工企业安全生产许可证，并在其资质许可范围内承揽建筑起重机械安装、拆卸工程。

起重设备安装工程专业承包资质分为一级、二级、三级。

（1）一级资质可承担塔式起重机、各类施工升降机和门式起重机的安装与拆卸。

（2）二级资质可承担 3150kN·m 及以下塔式起重机、各类施工升降机和门式起重机的安装与拆卸。

（3）三级资质可承担 800kN·m 及以下塔式起重机、各类施工升降机和门式起重机的安装与拆卸。

2. 安装、拆卸作业相关人员

（1）塔式起重机安装、拆卸作业应配备下列人员：

1）持有安全生产考核合格证书的项目负责人和安全负责人、机械管理人员；

2）具有建筑施工特种作业操作资格证书的建筑起重机械安装拆卸工、起重司机、起重信号工、司索工等特种作业操作人员。

（2）塔式起重机安装拆卸工属于建筑施工特种作业工的一

163

种，其应当具备下列基本条件：

1）年满 18 周岁且不超过国家法定退休年龄；

2）初中及以上学历；

3）经医院体检合格且无妨碍从事塔式起重机安装拆卸作业的疾病和生理缺陷；

4）经过专门培训，并经建设主管部门考核合格，取得《建筑施工特种作业人员操作资格证书》。

（3）持有资格证书的人员，应当受聘于建筑施工企业、建筑起重机械出租单位或建筑起重机械安装拆卸单位（该部分以下简称用人单位），方可从事相应的特种作业。

（4）用人单位对于首次取得资格证书的人员，应当在其正式上岗前安排不少于 3 个月的实习操作。

（5）建筑施工特种作业人员应当严格按照安全技术标准、规范和规程进行作业，正确佩戴和使用安全防护用品，并按规定对作业工具和设备进行维护保养。

（6）建筑施工特种作业人员应当参加年度安全教育培训或者继续教育，每年不得少于 24h。

（7）在施工中发生危及人身安全的紧急情况时，建筑施工特种作业人员有权立即停止作业或者撤离危险区域，并向施工现场专职安全生产管理人员和项目负责人报告。

（8）用人单位应当履行下列职责：

1）与持有效资格证书的特种作业人员订立劳动合同；

2）制定并落实本单位特种作业安全操作规程和有关安全管理制度；

3）书面告知特种作业人员违章操作的危害；

4）向特种作业人员提供齐全、合格的安全防护用品和安全的作业条件；

5）按规定组织特种作业人员参加年度安全教育培训或者继续教育，培训时间不少于 24h；

6）建立本单位特种作业人员管理档案；

7）查处特种作业人员违章行为并记录在档；

8）法律法规及有关规定明确的其他职责。

（9）建筑施工特种作业人员操作资格证书有效期为 2 年。有效期满需要延期的，建筑施工特种作业人员应当于期满前 3 个月内向原考核发证机关申请办理延期复核手续。延期复核合格的，资格证书有效期延期 2 年。

3. 塔式起重机出厂及报废要求

塔式起重机应当具备出厂合格证、备案登记证、制造单位相应特种设备制造许可证、安装及维修使用说明书等，并配有电气原理图及布线图、配件目录、必要的专用随机工具。大修出厂的塔式起重机要有出厂检验合格证。对于购入的旧塔式起重机应有两年内完整的运转履历书及有关修理资料。塔式起重机出厂前须有相应型式试验合格证明。

超过一定使用年限的塔式起重机：630kN·m 以下（不含630kN·m）、出厂年限超过 10 年（不含 10 年）的塔式起重机；630～1250kN·m（不含 1250kN·m）、出厂年限超过 15 年（不含 15 年）的塔式起重机；1250kN·m 以上、出厂年限超过20 年（不含 20 年）的塔式起重机。由于使用年限过久，存在设备结构疲劳、锈蚀、变形等安全隐患。超过年限的由有资质评估机构评估合格后，可继续使用。

有下列情形之一的建筑起重机械，不得出租、安装、使用：

（1）属国家明令淘汰或者禁止使用的；

（2）超过安全技术标准或者制造厂家规定的使用年限的；

（3）经检验达不到安全技术标准规定的；

（4）没有完整安全技术档案的；

（5）没有齐全有效的安全保护装置的。

4. 安装、拆卸方案

塔式起重机安装、拆卸前，应编制专项施工方案，指导作业人员实施安装、拆卸作业。专项施工方案应根据塔式起重机使用说明书和作业场地的实际情况编制，并应符合国家现行相关标准的规定。专项施工方案应由本单位技术、安全、设备等部门审核、技术负责人审批后，经监理单位批准实施。

起重量300kN及以上，或搭设总高度200m及以上，或搭设基础标高在200m及以上的塔式起重机安装和拆卸工程属于超过一定规模的危险性较大的分部分项工程，施工单位应当组织召开专家论证会对专项施工方案进行论证。实行施工总承包的，由施工总承包单位组织召开专家论证会。专家论证前专项施工方案应当通过施工单位审核和总监理工程师审查。

塔式起重机安装专项施工方案应包括下列内容：

（1）工程概况；

（2）安装位置平面和立面图；

（3）所选用的塔式起重机型号及性能技术参数；

（4）基础和附着装置的设置；

（5）爬升工况及附着节点详图；

（6）安装顺序和安全质量要求；

（7）主要安装部件的重量和吊点位置；

（8）安装辅助设备的型号、性能及布置位置；

（9）电源的设置；

（10）施工人员配置；

（11）吊索具和专用工具的配备；

（12）安装工艺程序；

（13）安全装置的调试；

（14）重大危险源和安全技术措施；

（15）应急预案等。

塔式起重机拆卸专项方案应包括下列内容：

（1）工程概况；

（2）塔式起重机位置的平面和立面图；

（3）拆卸顺序；

（4）部件的重量和吊点位置；

（5）拆卸辅助设备的型号、性能及布置位置；

（6）电源的设置；

（7）施工人员配置

（8）吊索具和专用工具的配备；

（9）重大危险源和安全技术措施；

（10）应急预案等。

塔式起重机安装、拆卸工程专项施工方案实施前，编制人员或者项目技术负责人应当向施工现场管理人员进行方案交底。施工现场管理人员应当向作业人员进行安全技术交底，并由双方和项目专职安全生产管理人员共同签字确认。

安全技术交底应当包括以下内容：

（1）塔式起重机的性能参数；

（2）安装、附着及拆卸的程序和方法；

（3）各部件的连接形式、连接件尺寸及连接要求；

（4）安装拆卸部件的重量、重心和吊点位置；

（5）使用的辅助设备、机具、吊索具的性能及操作要求；

（6）作业中安全操作措施；

（7）其他需要交底的内容。

3.1.2 塔式起重机安装、拆卸前的准备

1. 安装前后的现场环境

塔式起重机安装作业现场有架空输电线时，塔式起重机的任何部位与输电线的安全距离应符合表 3-1 要求。

塔式起重机任何部位与输电线的最小安全距离　　表 3-1

安全距离/m	电压/kV				
	<1	1~15	20~40	60~110	220
沿垂直方向	1.5	3.0	4.0	5.0	6.0
沿水平方向	1.0	1.5	2.0	4.0	6.0

当与外输电线路的安全距离达不到表 3-1 中要求的安全距离时应搭设防护架，搭设防护架时应当符合以下要求：

（1）搭设防护架时必须经有关部门批准；

（2）采用线路暂停供电或其他可靠安全技术措施；

（3）有电气工程技术人员和专职安全人员监护；

（4）防护架与外输电线路的安全距离不应小于表 3-2 所规定的数值；

（5）防护架应具有较好的稳定性，可使用竹竿等绝缘材料，不得使用金属材料。

防护架与外输电线路之间的最小安全距离表　　表 3-2

外输电线路电压等级/kV	≤10	35	110	220	330	500
最小安全距离/m	1.7	2.0	2.5	4.0	5.0	6.0

当多台塔式起重机在同一施工现场交叉作业时，应编制专项方案，并应采取防碰撞的安全措施。任意两台塔式起重机之间的最小架设距离应符合下列规定：低位塔式起重机的起重臂端部与另一台塔式起重机的塔身之间的距离不得小于 2m；高位塔式起重机的最低位置的部件（或吊钩升至最高点或平衡重的最低部位）与低位塔式起重机中处于最高位置部件之间的垂直距离不得小于 2m。如图 3-1 所示。

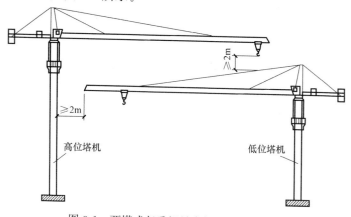

图 3-1　两塔式起重机最小架设距离示意图

塔式起重机的尾部与周围建筑物及其外围施工设施之间的安

全距离不小于 0.6m。

塔式起重机的安装选址除了应当考虑与建筑物、外输电线路和其他塔式起重机有可靠的安全距离外，还应考虑到毗邻的公共场所（包括学校、商场等）、公共交通区域（包括公路、铁路、航运等）等因素。在塔式起重机及其载荷不能避开这类障碍时，应向政府有关部门咨询。

2. 基础设置

塔式起重机的基础及地基承载力应符合使用说明书和设计图纸的要求。安装前应对基础进行验收，合格后方可安装。基础周围应有排水设施。

基础应避开任何地下设施，无法避开时，应对地下设施采取保护措施，预防灾害事故发生。塔式起重机基础定位应考虑安装后的现场作业环境、附着设置及方便以后塔式起重机拆除。

固定式塔式起重机基础预埋件有预埋螺栓、预埋支腿、预埋基础节等形式，预埋位置、尺寸均应符合说明书中基础制作要求。基础钢筋绑扎后，应进行隐蔽工程验收。隐蔽工程应包括塔式起重机基础节的预埋件，验收合格后方可浇筑混凝土。行走式塔式起重机的轨道及基础应按使用说明书的要求进行设置，且应符合现行国家标准的规定。

安装塔式起重机时基础混凝土应达到 80% 以上设计强度，塔式起重机运行时基础混凝土应达到 100% 设计强度。

塔式起重机基础尺寸允许偏差应符合表 3-3 要求。

塔式起重机基础尺寸允许偏差和检验方法　　　表 3-3

项　目		允许偏差（mm）	检验方法
标高		±20	水准仪或拉线、钢尺检查
平面外形尺寸（长度、宽度、高度）		±20	钢尺检查
表面平整度		10、$L/1000$	水准仪或拉线、钢尺检查
洞穴尺寸		±20	钢尺检查
预埋锚栓	标高（顶部）	±20	水准仪或拉线、钢尺检查
	中心距	±2	钢尺检查

注：表中 L 为矩形或十字形基础的长边。

内爬式塔式起重机的基础、锚固、爬升支承结构等应根据使用说明书提供的荷载进行设计计算，并应对内爬式塔式起重机的建筑承载结构进行验算。

轨道行走式塔式起重机碎石基础应符合下列要求：

（1）当塔式起重机轨道敷设在地下建筑物（如暗沟、防空洞等）的上面时，应采取加固措施；

（2）敷设碎石前的路面应按设计要求压实，碎石基础应整平捣实，轨枕之间应填满碎石；

（3）路基两侧或中间应设排水沟，保证路基无积水。

轨道行走式塔式起重机轨道敷设应符合下列要求：

（1）轨道应通过垫块与轨枕可靠地连接，每间隔 6m 应设一个轨距拉杆。钢轨接头处应有轨枕支承，不应悬空。在使用过程中轨道不应移动；

（2）轨距允许误差不大于公称值的 1/1000，其绝对值不大于 6mm；

（3）钢轨接头间隙不大于 4mm，与另一侧钢轨接头的错开距离不小于 1.5m，接头处两轨顶高度差不大于 2mm；

（4）塔机安装后，轨道顶面纵、横方向上的倾斜度，对于上回转塔机应不大于 3/1000；对于下回转塔机应不大于 5/1000。在轨道全程中，轨道顶面任意两点的高度差应小于 100mm

（5）轨道行程两端的轨顶高度宜不低于其余部位中最高点的轨顶高度。

3. 辅助起重设备的选择

塔式起重机安装拆卸过程中一般采用汽车起重机作为辅助起重设备。选择辅助起重设备时要综合考虑其起升高度、幅度和起重量等性能参数，以满足塔式起重机安装拆卸作业时要求。在进行安装拆卸作业前，应根据塔式起重机安装拆卸场地的情况，选择辅助起重设备有利的工作位置。塔式起重机拆卸时，自升式塔式起重机应先自行降节，使塔式起重机降至最低位置，然后选用辅助起重设备拆除。

辅助起重设备设置的位置应能满足塔式起重机相应零部件的重量、距离及拆卸后堆放位置的要求。

辅助起重设备固定在建筑物屋面上时，建筑物屋面的承载能力应满足辅助起重设备的要求。固定在建筑物的锚固点预埋件应能承受辅助起重设备在工作和非工作状态时的支承力。

3.1.3 塔式起重机安装、拆卸作业安全操作及技术要求

1. 安全操作要求

（1）进入施工现场的作业人员必须正确佩戴安全帽、防滑鞋、安全带等防护用品，无关人员严禁进入作业区域内。在安装、拆卸作业期间，应设警戒区。

（2）拆装人员在每次拆装作业前，必须了解自己所作业的岗位、内容及要求。必须了解所拆装塔式起重机的机械性能，熟知塔式起重机拼装或解体各拆装部件相连接处所采用的连接形式和所使用的连接件的尺寸、规定及要求。了解每个拆装部件的重量和吊点位置。必须详细了解并严格按照说明书中所规定的安装、拆卸的程序进行作业，严禁对产品说明书中规定的拆装程序做任何改动。

（3）必须对所使用的辅助机械设备和工具的性能及操作规程有全面了解，作业过程中严格按规定使用。

（4）安装拆卸作业应根据专项施工方案要求实施，安装作业应职责清晰，分工明确，定人定岗。

（5）安装作业中应统一指挥，明确指挥信号。当视线受阻、距离过远等致使指挥信号传递困难时，应采用对讲机或多级指挥等有效的措施进行指挥。

（6）在高处作业时，摆放小件物品和工具时不可随手乱放，工具应放入工具框中或工具袋内，严禁从高空投掷工具和物件。

（7）在风速达到 9.0m/s 及以上或大雨、大雪、大雾等恶劣天气时，严禁进行建筑起重机械的安装拆卸作业。

（8）小车变幅的塔机在起重臂组装完毕准备吊装之前，应检

查起重臂的连接销轴、安装定位板等是否连接牢固、可靠。当起重臂的连接销轴轴端采用焊接挡板时，应在锤击安装销轴后，检查轴端挡板的焊缝是否正常。

（9）塔式起重机不宜在夜间进行安装作业；当需在夜间进行塔式起重机安装和拆卸作业时，应保证提供足够的照明。

（10）当遇特殊情况安装作业不能连续进行时，必须将已安装的部位固定牢靠并达到安全状态，经检查确认无隐患后，方可停止作业。

（11）吊装作业时，起重臂和重物下方严禁有人停留、工作或通过。吊运重物时，严禁从人上方通过。严禁用起重机吊运人员。

（12）作业人员须精力集中，严禁带病和酒后作业。

（13）塔身附着处与附着杆存在一定相互作用力。当拆除附着杆与建筑物的连接时，可能会产生回弹存在碰撞人或物的危险。因此拆除附着杆前作业人员必须提前选择安全的操作位置，正确系挂安全带，避免产生意外。

（14）安装拆卸完毕后，应及时清理施工现场的辅助用具和杂物。

2. 安全技术要求

（1）连接件及其防松防脱件严禁用其他代用品代用。连接件及其防松防脱件应使用力矩扳手或专用工具紧固。

（2）塔式起重机的安全装置必须齐全，并应按程序进行调试合格。

（3）对于有润滑要求的螺栓，必须按说明书的要求，按规定的时间，用规定的润滑剂润滑。

（4）作业前，必须对所使用的钢丝绳、链条、卡环、吊钩、板钩、耳钩等各种吊具、索具按有关规定做认真检查。检查合格后方可使用，使用时不得超载。

（5）起重作业中，不允许把钢丝绳和链条等不同种类的索具混合用于一个重物的捆扎或吊运。

（6）在安装或拆卸塔式起重机时，严禁只单独拆装平衡臂或起重臂就中断作业。

（7）在紧固要求有预紧力的螺栓时，必须使用专门的工具，将螺栓准确地紧固到规定的预紧力值。

（8）塔式起重机各部件之间的连接销轴、螺栓、轴端卡板和开口销等，必须使用塔式起重机生产厂家提供的专用件，不得随意代用。各销轴、螺栓、轴端卡板和开口销安装不可缺失、漏装。

（9）高强螺栓、销轴等主要受力连接件不得焊接。

（10）塔式起重机的独立高度应符合使用说明书的要求。当塔式起重机需安装、拆卸附着时，附着装置的设置和自由端的高度应符合使用说明书的要求。附着装置拆除后，其最高附着以上塔身高度不得高于说明书规定值；当只有一道附着时，应先降节至附着拆除后塔式起重机处于独立高度以内，再拆卸附着装置。

（11）各道附着装置所在平面与水平面夹角不得超过10°。

（12）塔式起重机顶升前，塔式起重机下支座与顶升套架应可靠连接，应确保顶升横梁搁置正确。顶升过程中严禁进行起升、回转、变幅等操作。引进或推出标准节时，塔身必须与回转下支座牢固、可靠连接。

（13）附着装置拆卸时，应先拆附着杆，再拆附着框。

（14）塔式起重机安装后，在空载、风速不大于3m/s状态下，独立状态塔身（或附着状态下最高附着点以上塔身）轴心线的侧向垂直度允许偏差不应大于4/1000，最高附着点以下塔身轴心线的垂直度允许偏差不应大于2/1000。

（15）禁止擅自在建筑起重机械上安装非原制造厂制造的标准节和附着装置。

（16）当塔式起重机安装有安全监控系统时，该系统应具有对塔机的起重量、起重力矩、起升高度、幅度、回转角度、运行行程信息进行实时监视和数据存储功能。当塔机有运行危险趋势时，塔机控制回路电源应能自动切断。在既有塔机升级加装安全监控系统时，严禁损伤塔机受力结构。在既有塔机升级加装安全监控系统时，不得改变塔机原有安全装置及电气控制系统的功能和性能。

3.1.4 塔式起重机安装、拆卸前的检查

塔式起重机安装、拆卸前，应分别按表3-4、表3-6做好全面检查，确认合格后方可进行安装、拆卸作业。

安装前应查阅基础隐蔽工程验收资料是否齐全，包括混凝土试块报告、检查混凝土的强度等级、验收手续是否符合要求。

安装、拆卸前应对塔式起重机的起升机构、回转机构、变幅机构、液压顶升机构、电气系统等进行检查：检查施工现场保养或转场保养是否合格，液压油、齿轮油、润滑油是否加注到位、安全装置、配电箱、电线、电缆是否完好。

安装、拆卸前还应对钢丝绳、钢丝绳夹、楔套、连接紧固件、滑轮等部件进行检查。

安装、拆卸辅助设备就位后，应对其机械和安全性能进行检验，合格后方可作业。

塔式起重机在安装前和使用过程中，发现有下列情况之一的，不得安装和使用：

（1）结构件有可见裂纹和严重锈蚀的；

（2）主要受力构件存在塑性变形的；

（3）连接件存在严重磨损和塑性变形的；

（4）钢丝绳达到报废标准的；

（5）安全装置不齐全或失效的。

塔式起重机安装前检查用表参照表3-4。

3.1.5 塔式起重机的安装及拆卸

1. 塔式起重机安装、拆卸的一般程序

（1）上回转固定自升式塔式起重机安装程序

塔式起重机安装前检查表

表 3-4

工程名称			设备型号	
安装单位			设备编号	
序号	检查项目	内容及要求	结果	备注
1	钢结构	无扭曲、变形、裂纹和严重锈蚀		
2	连接件、紧固件	销轴及螺栓螺母规格正确,数量齐全,质量满足设计要求;配套开口销或卡板规格数量均符合要求		
3	钢丝绳及其固结	钢丝绳完好符合 GB/T 5972—2016 要求,钢丝绳绳夹固结符合 GB/T 5976—2006 要求,压板固结应符合 GB/T 5975—2006 要求		
4	制动器	制动带(块)摩擦衬垫磨损不大于原厚度的1/2,间隙符合标准要求,能正常动作,设有防护罩		
5	安全装置	各安全装置应齐全、完好		
6	液压系统	油质良好、充足		
		各油管及管接头状况良好,平衡阀与油缸之间为硬管连接		
7	电气系统	保持较良好状况,能正常工作		
8	现场状况	安装现场应具备安全安装塔机的条件		
检查意见	安装单位(盖章) 年 月 日			
检查人	安装单位技术负责人: 使用单位设备主管: 安装队长(组长): 安装单位安全(质量)员: 其他参检人员:			

1）安装底架或基础节；

2）安装标准节（加强节）和顶升套架总成；

3）安装回转总成、司机室；

4）安装塔顶；

5）安装平衡臂、部分平衡重；

6）安装起重臂；

7）安装其余平衡重；

8）穿绕钢丝绳；

9）接通电气设备；

10）试运转，调试；

11）顶升加节；

12）安装附着装置。

（2）上回转固定自升式塔式起重机拆卸程序

塔式起重机的拆卸是安装的逆向过程，拆卸应遵循"自上而下、先装后拆、后装先拆"的顺序进行。

塔式起重机的拆卸一般步骤如下：

1）将塔式起重机降节至指定高度；

2）拆除吊钩，卷起起升钢丝绳；

3）拆卸部分平衡重，剩余平衡重按说明书要求配置；

4）拆卸起重臂；

5）拆卸剩余平衡重和平衡臂总成；

6）拆卸平衡臂；

7）拆卸塔顶、驾驶室、回转总成；

8）拆卸顶升套架总成；

9）拆卸剩余标准节、基础节和底架。

（3）轨道行走式塔式起重机

1）处理轨道基础；

2）制作混凝土基础或铺设路基箱及轨道；

3）安装行走台车、底架和压重；

4）安装标准节（加强节）、塔顶、平衡臂、起重臂及顶升加节等安装程序同上回转固定自升式塔式起重机。

2. 上回转非平头塔式起重机主要结构的安装要求

（1）底架、基础节、标准节（加强节）的安装

1）底架、基础节安装的基础表面的平整度允许偏差不得大于 1/1000。

2）安装标准节（有加强节的先按说明书要求安装加强节），同时用经纬仪双向测量塔身垂直度，垂直度应控制在 4/1000 以内。若标准节间用螺栓连接，紧固标准节连接螺栓，高强度螺栓需达到规定的预紧力矩要求。

（2）顶升套架的安装

自升式塔式起重机顶升套架安装时应注意顶升方向与标准节一致。

（3）回转总成的安装

回转总成包括下支座、回转支承、上支座、回转机构四个部分。回转下支座与塔身连接，上支座与过渡节或塔顶连接。安装回转总成时，应采用满足回转总成重量的吊索具，起吊时吊索具固定在回转总成专用的吊耳或吊点处，把吊起的回转总成安装在标准节上。自升式塔式起重机顶升作业的引进梁设置在回转下支座时，需将引进梁就位并固定。

（4）驾驶室的安装

安装时，将驾驶室安装在回转上支座上，用销轴和螺栓紧固。也可先将驾驶室安装在回转上支座上，再与回转总成同时起吊安装于塔身。

（5）塔顶的安装

将塔顶的平台、护栏固定就位，并将平衡臂、起重臂拉杆的吊杆锁定在塔顶头部。将起升转角滑轮固定在塔顶设定位置处。吊起塔顶总成对准安装位置用销轴或螺栓固定在回转上支座上。

（6）平衡臂的安装

1）在地面先组装平衡臂上的起升机构、护栏、平衡重定位销、拉杆和辅助吊具及配电箱等，并全部紧固捆绑牢固。

2）接上回转机构临时电源，将回转支承以上部分回转到便于安装平衡臂的方位。

3）穿好吊索具，在臂架端部拴挂牵引绳，以便起升安装导向用；吊起平衡臂，直到能用销轴将平衡臂销定在塔顶根部或回转上支座上，然后继续提升平衡臂，以便将平衡臂拉杆与塔顶上方的拉杆相连接，并用销轴连接好。拉杆连接后，放下平衡臂，拉紧拉杆，拆除牵引绳，接通起升机构工作电源。

（7）平衡重的安装

为了避免产生过大的前倾力矩，在起重臂安装前，应根据说明书规定安装一块（或数块）平衡重。平衡重安装位置应严格按安装方案要求进行，不得随意改变安装顺序和数量。

（8）起重臂的安装

1）起重臂的长度应按施工方案规定长度进行配置。

2）起重臂先在地面组装，部件包括拉杆（单根或双根）、小车变幅机构、带有滑轮组的小车、起升钢丝绳的转角滑轮、小车变幅钢丝绳（小车变幅钢丝绳的两端头从变幅卷扬机引出分别固定在起升小车的两侧指定位置上）等部件。

3）检查小车运行的缓冲器止挡装置是否可靠，起重臂连接销轴安装是否正确可靠，起重臂组装经检查符合要求后方可进行吊装。

4）使用专用吊索具，在安装方案确定的节点处拴挂索具，如方案未标明吊点位置，可在地面试吊，确定合理吊点，并做上记号及记录，以便拆卸时使用。

5）起重臂吊索长度应考虑安装拉杆时，拉杆拉直的空间，一般离上弦杆 4m 左右。同时在起重臂两端装上牵引绳，以便于起重臂从地面至安装位置的牵引导向。

6）开始吊起起重臂，将起重臂吊至铰点高度，起重臂根部与塔顶根部销座或回转上支座的连接销座相配合，用销轴连接锁定。起重臂根部定位时，因在空中作业，销轴孔的对准有一定难度，所以作业时可先对准一个销轴孔，用辅助轴棒临时固定，再对准另一端用销轴固定，然后把原来一端的辅助轴棒抽出，也用销轴固定。

7）起重臂销轴定位后，继续提升起重臂，先将后拉杆与塔顶顶端的起重臂吊杆连接定位，然后利用安装在平衡臂上的起升机构，将起升钢丝绳通过塔顶顶部滑轮，把前拉杆安装至塔顶顶部的连接座，最后用销轴固定好起重臂。

（9）剩余平衡重的安装

起重臂安装后，必须将平衡重按说明书要求安装并固定牢固。

（10）穿绕起升钢丝绳

如图 3-2 所示，为单变幅小车四倍率起升机构钢丝绳穿绕示意图，穿绕起升钢丝绳的步骤如下：

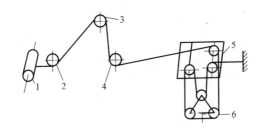

图 3-2　起升机构钢丝绳穿绕示意图

1—起升卷扬机；2—排绳滑轮；3—塔顶导向轮；
4—起重臂根部导向滑轮；5—变幅小车滑轮组；6—吊钩滑轮组

1）起升钢丝绳从起升卷筒经排绳（导绳器）滑轮，向上通过塔顶上导向滑轮，向下至起重臂根部滑轮（起重量限制器滑轮），穿入变幅小车的滑轮（此时安装人员站在小车挂篮上）；

2）在起升钢丝绳端部处绑扎一根辅助绳，将起升钢丝绳拉至地面吊钩处，在地面上将起升钢丝绳穿过吊钩底部两滑轮；

3）用辅助绳拉起钢丝绳再穿入变幅小车靠起重臂根部的滑轮，将起升钢丝绳向下拉至吊钩处，穿过吊钩上部滑轮，再向上拉穿入变幅小车靠起重臂端部的滑轮，让钢丝绳留出足够余量，接上变幅机构临时电源，操纵小车变幅机构，将变幅小车停至起重臂端部，起升钢丝绳按说明书于要求固定在起重臂端部。

安装后应检查起升钢丝绳通过所有滑轮的位置是否正确，保证起升钢丝绳在运行时无阻碍。

（11）试运转、调试

接通电源，进行试运转。检查各行程限位器的动作准确性和可靠性，试验各安全装置的精度和灵敏度。试运转各机构运转正常，启、制动性能良好，各限位装置正确、灵敏、可靠，各安全装置有效、可靠，机况符合要求，方可进行顶升加节。

试运转调试正常后，进行自检。

（12）塔式起重机附着的安装及拆卸

1）当塔式起重机安装高度需超过使用说明书规定的最大独立高度时，必须安装附着装置，附着点设置及附着高度应符合说明书要求。安装附着装置前，应检查附着框、附着杆、预埋件、连接件和塔式起重机状况，附着点的强度必须达到使用说明书要求，并具有隐蔽工程验收单，合格后方可进行安装。

2）用塔式起重机吊起附着框，在塔身上进行拼装，用销轴和螺栓固定好。附着框应设在塔身标准节水平腹杆附近，附着框的撑杆应在同一水平面。

3）用塔式起重机吊起附着杆，把附着杆的两端分别与附着框和建筑物预埋件用销轴或螺栓连接固定。

4）调节附着杆的调节螺杆，使附着杆达到适宜的长度，以确保塔式起重机垂直度。调整时必须随时测量塔式起重机垂直度，附着装置以下的塔身垂直度需控制在2/1000以内，最高附着装置以上的塔身垂直度需控制在4/1000以内。

5）锚固后检查附着框与塔身、附着杆连接情况，合格后方可使用。

（13）顶升加节

顶升套架上的导向滚轮与标准节的间隙应保证在 2～5mm 之间。

1）顶升前，必须对液压系统（泵、顶升油缸、油管、平衡阀、换向阀、压力表、油箱等）、顶升套架、挂靴爬爪、防脱装置、导向装置、电缆等部件进行认真细致地检查。

2）在顶升前，必须将上部结构自重产生的力矩调整平衡。其方法是调节变幅小车在吊臂上的位置或吊载重物，使顶升或拆卸时上部结构的重心处于油缸支承部位。

3）顶升前，塔式起重机下支座与顶升套架应可靠连接，应确保顶升横梁搁置正确；

4）顶升过程中，应确保塔式起重机的平衡，必须有专人指挥，专人照看电源，专人操作液压系统，专人装拆螺栓或销轴，专人负责安全监护，非作业人员不得登上顶升套架的操作平台。

5）顶升过程中，司机要严禁随意操作，不得进行起升、回转、变幅等操作。

6）顶升作业时，要特别注意锁紧防脱销轴；对新就位的标准节，与下部标准节和上部下支座的连接要及时，并连接牢固。

7）引进或推出标准节时，塔身必须与回转下支座牢固、可靠连接。

8）顶升结束后，应将标准节与回转下支座可靠连接；

9）在顶升加节过程中，塔身的垂直度应双向测量；

10）加节后需进行附着的，应按照先装附着装置后顶升加节的顺序进行，附着装置的位置和支撑点的强度应符合要求。

3. 不同结构塔式起重机的安装区别

塔式起重机的结构不同，其安装程序也不完全相同。

（1）小车变幅式自升塔式起重机（塔顶式）

在安装好塔身和顶升套架后，先安装回转部分（包括回转支承和上、下支座等）和塔顶，再分别安装平衡臂和起重臂。

（2）动臂式自升塔式起重机

动臂式自升塔式起重机尾部回转半径较小，有的把平衡臂与回转支座做成一体，组成回转平台一起安装。其起重臂则用辅助起重设备吊起，将臂根与转台连接，在穿绕变幅钢丝绳滑轮组后可用自身的变幅卷扬机拉起来。

顶升、降节过程中需进行顶升平衡，起重臂与水平面之间须保持固定夹角，夹角须严格参照说明书执行，顶升、降节过程中起重臂不可变幅。

（3）平头式塔式起重机

一种是起重臂、平衡臂均与塔头固接；另一种是把平衡臂与回转支座铰接，再用拉杆连接平衡臂与塔头，如图 3-3 所示。在进行安装时，对于平头塔式起重机，其安装方法和非平头塔式起重机基本相同，其主要区别在起重臂的安装。

1）整体组拼吊装方法

整体组拼吊装方法安装时，与非平头塔式起重机一样，先将臂节沿直线按说明书要求的组装顺序平铺在地面上，顺次采用销轴将臂节逐个连接，最后整体吊装。

2）逐节吊装方法

逐节吊装方法安装前，先将载重小车套在首节起重臂下弦杆的导轨上，并尽量移至起重臂根部临时固定。然后依次安装起重臂第一节、第二节、第三节，并应按说明书要求，在逐渐增加安装起重臂节数后，相应增加平衡臂节数及平衡重块的数量。

以上两种吊装起重臂方法具体采用哪种必须严格按照说明书要求执行。

（4）内爬式塔式起重机

内爬式塔式起重机能随着建筑施工的进程在建筑物内部向上爬升，其塔身一般置于建筑物的电梯井、核心筒和楼层内。初始安装一般是按固定式塔式起重机的安装方式安装在混凝土基础

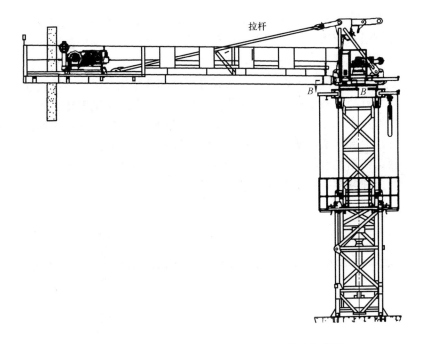

拉杆

图 3-3 平衡臂与回转支座铰接的平头式塔式起重机

上。当塔式起重机安装至独立高度后，建筑物施工接近塔式起重机吊运极限时，塔式起重机由固定式转换为内爬式，利用其自身爬升系统向上爬升。

整个爬升系统由三套结构尺寸相同的内爬框架、支承钢梁及一套液压顶升机构配套而成。内爬框架固定于支承钢梁上面，支承钢梁固定于建筑物内。支承钢梁在爬升楼层处预设，其固定于建筑物一般有两种方法，一种是钢梁端部穿在墙体预留洞里，并与钢筋、预埋件等固结；另一种是预先制作支承架（牛腿）悬挑在建筑结构上，再将支承钢梁与支承架连接，继而将载荷传递至建筑结构。一道支承钢梁一般包括两根钢梁，部分工况由四根钢梁组成，呈井形搭接，塔身通过内爬框架安装在井形框架中部。

三套内爬框架中，底部框架主要承载垂直载荷，中部框架承载等效水平载荷，这样构成一个稳定的支撑塔身体系。爬升时，先使塔式起重机的上部重心调至说明书规定位置，在中部框架以上预定位置安装上部框架，松开中、上部框架夹持塔身的装置，用安装于塔身中部框架位置的爬升部件和液压顶升机构将塔式起重机升高，当塔身基础节到达中部框架后，中部框架即变为底部框架，支承住塔身底部，承受载荷由等效水平载荷变为垂直载荷；上部框架则变为中部框架，将塔身夹持住，承载等效水平载荷。根据工程进度，在适当时间将原底部框架移至上部楼层内成为上部框架。如此循环往复，将塔机向上爬升。

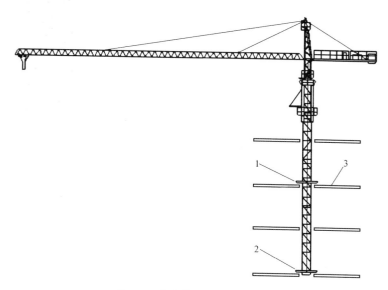

图 3-4　内爬塔式起重机示意图
1—中部框架；2—底部框架；3—建筑结构

内爬塔式起重机需要从高层建筑屋顶处拆卸到地面上时，应根据建筑结构特点和施工现场条件，以及能提供的起重设备等具体情况采取相应的拆卸方法。重点是如何在顶层将起重臂、平衡臂等较大较重部件解体后运至地面。

内爬塔式起重机自身的拆卸顺序是：将塔式起重机降节至屋面以上→拆卸部分平衡重→拆卸起重臂→拆卸剩余平衡重及平衡臂→拆卸塔顶及驾驶室→拆卸转台及回转支承装置→拆卸塔身标准节→拆卸底座、爬升系统及附件。

内爬塔式起重机拆卸时常采用屋面起重机（图3-5）、桅杆起重机（扒杆）等作为拆卸内爬塔式起重机的辅助起重设备。拆卸方法是：利用内爬塔式起重机在屋面安装一台中型屋面起重机→中型屋面起重机拆卸内爬塔式起重机→中型屋面起重机安装小型屋面起重机→小型屋面起重机拆卸中型屋面起重机→安装桅杆起重机→桅杆起重机拆卸小型屋面起重机至屋面解体，并通过施工升降机将其零部件运输至地面→人工拆除桅杆起重机。

图3-5　某型屋面起重机

3.1.6　关键零部件的安装及使用要求

（1）销轴连接

在塔式起重机事故中因塔式起重机销轴脱落造成的事故占有很大比例，造成销轴脱落的因素主要有结构因素和安装因素。因此，在安装时，应正确安装，认真检查。

1）螺栓固定轴端挡板形式

此种形式固定螺栓容易产生拧折、拧断或螺纹滑牙，使固定螺栓失效，容易造成销轴脱落。因此在销轴固定轴端挡板的安装中应注意，当发现连接螺栓有损坏或螺栓孔脱扣时一定要修复后才能继续安装。

2）轴端挡板焊接形式

此种形式在安装过程中锤击销轴时，容易把轴端挡板的焊缝打裂。原因有以下两方面：

① 销轴偏转会使轴端撞击轴端挡板，使焊缝产生裂纹。

② 销轴已安装到位，再继续锤击，使焊缝受损。

因此在安装过程中必须细致操作，如图 3-6 所示。

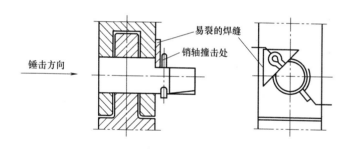

图 3-6　焊接轴端挡板及焊缝

（2）高强螺栓连接

高强度螺栓是塔式起重机塔身、塔顶等部位连接的重要部件，所以在塔式起重机装拆时必须高度重视，保证高强度螺栓预紧力，安装时要注意以下问题：

1）螺栓孔端面要平整；

2）连接表面应清除灰尘、油漆、油迹和锈蚀；

3）螺纹及螺母端面等处需涂抹黄油；

4）安装时应使用扭力扳手或专用扳手；

5）当使用说明书有使用次数要求时，应严格执行。

（3）销轴开口销的固定

开口销的设置不规范主要有以下情形：

1）漏装开口销；

2）开口销未开口或开口度不够，如图 3-7（a）、图 3-7（b）所示；

3）开口销以小代大；

4）用钢丝、焊条等替代开口销；

5）开口销锈蚀严重。

由于开口销的强度或替代品的强度达不到要求，开口销在销轴的轴向力作用下，开口销往往会剪断。未开口或开口度不够的开口销在使用过程中容易掉落，没有开口销的销轴在使用中会自行脱离，这样就会引起折臂的重大事故。因此，应高度重视销轴开口销的安装，正确安装开口销，正确的做法见图 3-7（c）、图 3-7（d）。

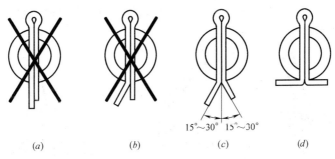

图 3-7　开口销的安装

（a）、（b）错误；（c）正确；（d）有障碍物时，正确

（4）不同截面标准节的安装

有些塔式起重机的塔身标准节根据杆件的强度不同，分为两种或两种以上的规格，不同规格的标准节外形几乎一样，仅是主弦杆壁厚不同，在外观上不易分清。塔式起重机使用高度确定后，安装和加节时要按使用说明书的要求，确定塔身上标准节的具体型号标志，决不能混淆。

（5）不同臂长平衡重的配置

对于可以变换臂长的塔式起重机，其平衡重的重量是随臂长不同而变化的，安装时要按使用说明书规定的平衡重块的数量、规格和位置准确安装。平衡重块安装位置不正确，会造成起重臂与平衡臂平衡力矩偏差过大，容易造成塔式起重机失稳。

（6）吊点位置的确定（图 3-8）

塔式起重机的大型部件的吊点位置一定要符合说明书的要求。对使用说明书未标注吊点位置的，吊装结构件吊点的确定应注意两方面：

1）被吊装结构件的平衡。对长形结构件，如起重臂、平衡臂，可在地面试吊，确定合理吊点。

2）吊点处的结构强度和吊索连接的牢固。如果吊点强度不够，会破坏结构件，个别严重的情况会造成整个结构件破坏。吊索在吊点处不得有滑移和脱落，一般吊索应连接在被吊装结构的节点上，不得连接在主弦杆中部和腹杆上。吊索与物件棱角之间应加垫块。

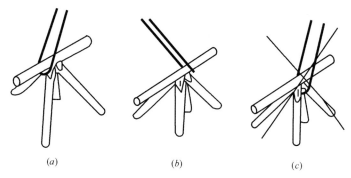

(a)　　　　　　(b)　　　　　　(c)

图 3-8　吊装起重臂时吊点位置设置

(a)、(b) 正确；(c) 错误

（7）吊索具的安装使用

吊具与索具应与吊重种类、吊运具体要求以及环境条件相适应。作业前应对吊具与索具进行检查，当确认完好时方可投入使用。吊具承载时不得超过额定起重量，吊索（含各分肢）不得超过安全工作载荷。塔式起重机吊钩的吊点，应与吊重重心在同一条铅垂线上，使吊重处于稳定平衡状态。

新购置或修复的吊具、索具，应进行检查，确认合格后方可使用。吊具、索具在每次使用前应进行检查，经检查确认符合要求后，方可继续使用。当发现有缺陷时，应停止使用。

吊具与索具每 6 个月应进行一次检查，并应作好记录。检验记录应作为继续使用、维修或报废的依据。

钢丝绳作吊索时，其安全系数不得小于 6 倍。

当钢丝绳的端部采用编结固接时，编结部分的长度不得小于钢丝绳直径的 20 倍，并不应小于 300mm，插接绳股应拉紧，凸出部分应光滑平整，且应在插接末尾留出适当长度，用金属丝扎牢，钢丝绳插接方法宜符合相关标准要求。用其他方法插接的，应保证其插接连接强度不小于该绳最小破断拉力的 75%。

当采用绳夹固接时，钢丝绳固结绳夹最少数量应满足表 1-12 的要求。

钢丝绳夹压板应在钢丝绳受力绳一边，绳夹间距不应小于钢丝绳直径的 6 倍。所有绳夹座必须安装在钢丝绳工作时受力的一侧，U 型螺栓扣在钢丝绳的自由端上，不得一正一反交替布置。每个绳夹应拧紧至绳夹内钢丝绳压扁 1/3 为标准，如钢丝绳受力产生变形时，要对绳夹进行二次拧紧。

起吊重要设备时，为便于检查钢丝绳松紧，可在绳头尾部加一安全弯。

吊索必须由整根钢丝绳制成，中间不得有接头。环形吊索应只允许有一处接头。当采用两点或多点起吊时，吊索数宜与吊点数相符，且各根吊索的材质、结构尺寸、索眼端部固定连接、端部配件等性能应相同。

钢丝绳严禁采用打结方式系结吊物。

当吊索弯折曲率半径小于钢丝绳公称直径的 2 倍时，应采用卸扣将吊索与吊点栓结。

卸扣应无明显变形、可见裂纹和弧焊痕迹。销轴螺纹应无损伤现象。卸扣必须是锻造的，不能使用铸造和补焊的卸扣。使用时不得超过规定的荷载，应使销轴与扣顶受力，不能横向受力。横向使用会造成扣体变形。

3.1.7 塔式起重机安全装置的调试

塔式起重机结构安装完毕后，安装人员应根据制造厂的使用说明书要求，分步骤仔细调试安全装置，以确保塔式起重机的安全使用。调试如有疑问应及时向厂方咨询，不能自作主张。

1. 超载保护装置的调试

（1）起重量限制器的调试（图3-9）

起重量限制器在塔式起重机出厂前都已经按照机型进行了调试及整定，与实际工况的载荷不符时需要重新调试，调试后要反复试吊重块三次以上确保无误后方可进行作业。

塔式起重机上使用较多的起重量限制器为拉力环式，以某最大起重量6t的QTZ63型塔式起重机起重量限制器为例，其调试方法如下。

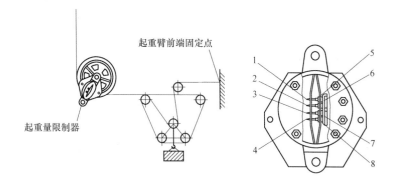

图3-9 拉力环式起重量限制器调试示意图

1、2、3、4—螺钉调整装置；5、6、7、8—微动开关

1）当起重吊钩为空载时，用小螺丝刀，分别压下微动开关5、6、7，确认各挡微动开关是否灵敏可靠：

① 微动开关5为高速挡重量限制开关，压下该开关，高速挡上升与下降的工作电源均被切断，且联动台上指示灯闪亮显示；

② 微动开关6为90％最大额定起重量限制开关，压下该开关，联动台上蜂鸣报警；

③ 微动开关7为最大额定起重量限制开关，压下该开关，低速挡上升的工作电源被切断，起重吊钩只可以低速下降，且联动台上指示灯闪亮显示。

2）工作幅度小于13m（即最大额定起重量所允许的幅度范围内），起重量1500kg（2倍率）或3000kg（4倍率），起吊重物离地0.5m，调整螺钉1至使微动开关5瞬时换接，拧紧螺钉1上的紧固螺母。

3）工作幅度小于13m，起重量2700kg（2倍率）或5400kg（4倍率）；起吊重物离地0.5m，调整螺钉2至使微动开关6瞬时换接，拧紧螺钉2上的紧固螺母。

4）工作幅度小于13m，起重量3000kg（2倍率）或6000kg（4倍率）；起吊重物离地0.5m，调整螺钉3至使微动开关7瞬时换接，拧紧螺钉3上的紧固螺母。

5）各挡重量限制调定后，均应试吊2～3次检验或修正，各挡允许重量限制偏差为额定起重量的±5％。

（2）小车变幅式塔式起重机弓板式力矩限制器的调试（图3-10）

以某QTZ63型塔式起重机弓板式力矩限制器为例，其调试方法如下：

1）当起重吊钩为空载时，用螺丝刀分别压下行程开关1、2和3，确认三个开关是否灵敏可靠：

① 行程开关1为80％额定力矩的限制开关，压下该开关，联动台上蜂鸣报警；

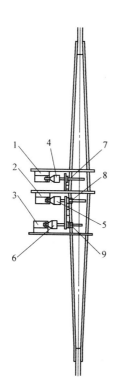
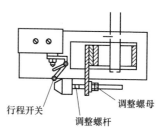

行程开关　　　　　调整螺母

调整螺杆

调整方法：
调整时，旋动调整螺杆至合
适位置，用调整螺母锁住；
行程开关1为报警碰头，行
程开关2、3为断电碰头

图 3-10　弓板式力矩限制器调试示意图

1、2、3—行程开关；4、5、6—调整螺杆；7、8、9—调整螺母

② 行程开关 2、3 为额定力矩的限制开关，压下该开关，起升机构上升和变幅机构向前的工作电源均被切断，起重吊钩只可下降，变幅小车只可向后运行，且联动台上指示灯闪亮、蜂鸣持续报警。

2）调整时吊钩采用四倍率和独立高度 40m 以下，起吊重物稍离地面，小车能够运行即可。

3）工作幅度 50m 臂长时，小车运行至 25m 幅度处，起吊重量为 2290kg，起吊重物离地，塔式起重机平稳后，调整与行程开关 1 相对应的调整螺杆 4 至行程开关 1 瞬时换接，拧紧相应的调整螺母 7。

4）按定幅变码调整力矩限制器，调整行程开关 2。

① 在最大工作幅度 50m 处，起吊重量 1430kg，起吊重物离地塔式起重机平稳后，调整与行程开关 2 相对应的调整螺杆 5 至使行程开关 2 瞬时换接，并拧紧相应的调整螺母 8。

② 在 18.8m 处起吊 4200kg，平稳后逐渐增加至总重量小于 4620kg 时，应切断小车向外和吊钩上升的电源；若不能断电，则重新在最大幅度处调整行程开关 2，确保在两工作幅度处的相应额定起重量不超过 10%。

5）按定码变幅调整力矩限制器，调整行程开关 3。

① 在 13.72m 的工作幅度处，起吊 6000kg（最大额定起重量）；小车向外变幅至 14.4m 的工作幅度时，起吊重物离地，塔式起重机平稳后，调整与行程开关 3 相对应的调整螺杆 6 至使行程开关 3 瞬时换接，并拧紧相应的调整螺母 9。

② 在工作幅度 38.7m 处，起吊 1800kg，小车向外变幅至 42.57m 以内时，应切断小车向外和吊钩上升的电源；若不能断电，则在 14.4m 处起吊 6000kg，重新调整力矩限制器行程开关 3，确保两额定起重量相应的工作幅度不超过 10%。

6）各幅度处的允许力矩限制偏差计算式为：

① 80%额定力矩限制允许偏差：［1－额定起重量×报警时小车所在幅度/（0.80×额定起重量×选择幅度）］≤5%；

② 额定力矩限制允许偏差：［1－额定起重量×电源被切断后小车所在幅度/（1.05×额定起重量×选择幅度）］≤5%。

2. 限位装置的调试

某 QTZ63 型塔式起重机上所使用的多功能限位器调试方法如下：

根据需要将被控制机构动作所对应的微动开关瞬时切换。即：调整对应的调整轴 Z 使记忆凸轮 T 压下微动 WK 触点，实现电路切换。其调整轴对应的记忆凸轮及微动开关分别为：1Z-1T-1WK，2Z-2T-2WK，3Z-3T-3WK，4Z-4T-4WK。如图3-11所示。

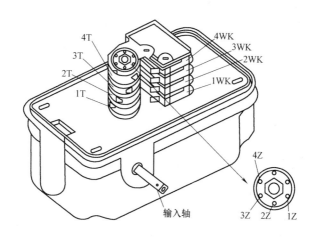

图 3-11　多功能行程限位器结构示意图

1T、2T、3T、4T—凸轮；1WK、2WK、3WK、4WK—微动开关；

1Z、2Z、3Z、4Z—调整轴

（1）起升高（低）度限位器调试

1）调整在空载下进行，分别压下微动开关（1WK、2WK），确认该两挡起升限位微动开关是否灵敏可靠。当压下与凸轮相对应的微动开关 2WK 时，快速上升工作挡电源被切断，起重吊钩只可低速上升；当压下与凸轮相对应的微动开关 1WK 时，上升工作挡电源均被切断，起重吊钩只可下降不可上升。

2）将起重吊钩提升，使其顶部至小车底部垂直距离为 1.3m（2 倍率时）或 1m（4 倍率时），调动轴 2Z，使凸轮 2T 动作至使微开关 2WK 瞬时换接，拧紧螺母。

3）以低速将起重吊钩提升，使其顶部至小车底部垂直距离为 1m（2 倍率时）或 0.7m（4 倍率时），调动轴 1Z，使凸轮 1T

动作至微动开关 1WK 瞬时换接，拧紧螺母。

4）对两挡高度限位进行多次空载验证和修正。

5）当起重吊钩滑轮组倍率变换时，高度限位器应重新调整。

（2）变幅限位器的调试

1）调整在空载下进行，分别压下微动开关（1WK、2WK、3WK、4WK），确认该四挡变幅限位微动开关是否灵敏可靠。

① 当压下与凸轮相对应的微动开关 2WK 时，快速向前变幅的工作挡电源被切断，变幅小车只可以低速向前变幅。

② 当压下与凸轮相对应的微动开关 1WK 时，变幅小车向前变幅的工作挡电源均被切断，变幅小车只可向后，不可向前。

③ 当压下与凸轮相对应的微动开关 3WK 时，快速向后变幅的工作挡电源被切断，变幅小车只可以低速向后变幅。

④ 当压下与凸轮相对应的微动开关 4WK 时，变幅小车向后变幅的工作挡电源均被切断，变幅小车只可向前，不可向后。

2）向前变幅及减速和臂端极限限位。

① 将小车开到距臂端缓冲器 1.5m 处，调整轴 2Z 使凸轮 2T 动作至使微动开关 2WK 瞬时换接，（调整时应同时使凸轮 3T 与 2T 重叠，以避免在制动前发生减速干扰），并拧紧螺母。

② 再将小车开至距臂端缓冲器 200mm 处，按程序调整轴 1Z 使凸轮 1T 动作至使微动开关 1WK 瞬时切换，并拧紧螺母。

3）向后变幅及减速和臂根极限限位。

① 将小车开到距臂根缓冲器 1.5m 处，调整轴 4Z 使凸轮 4T 动作至使微动开关 4WK 瞬时换接。（调整时应同时使凸轮 3T 与 2T 重叠，以避免在制动前发生减速干扰），并拧紧螺母。

② 再将小车开至距臂根缓冲器 200mm 处，按程序调整轴 3Z 使凸轮 3T 动作至使微动开关 3WK 瞬时切换，并拧紧

螺母。

4）对幅度限位进行多次空载验证和修正。

（3）回转限位器的调试

1）将塔式起重机回转至电源主电缆不扭曲的位置。

2）调整在空载下进行，分别压下微动开关（2WK、3WK），确认控制向左或向右回转的这两个微动开关是否灵敏可靠。这两个微动开关均对应凸轮，分别控制左右两个方向的回转限位。

3）向右回转540°，即一圈半，调动轴2Z（或3Z），使凸轮2T（或3T）动作至使微动开关2WK（或3WK）瞬时换接，拧紧螺母。

4）向左回转1080°，即三圈，调动轴3Z（或2Z），使凸轮3T（或2T）动作至使微动开关3WK（或2WK）瞬时换接，拧紧螺母。

5）对回转限位进行多次空载验证和修正。

（4）大车行走限位的调试

1）将限位挡板固定，与限位触点对齐，并使行走限位触发时约距缓冲器2m。

2）调整限位挡板使塔式起重机行走触发行走限位器后，停车位置距缓冲器距离不小于1m。

3）行走限位开关置于轨道止挡装置之前2m左右，行走限位挡板应固定可靠，其高度和长度应能触发行走限位提前停车，不至于因惯性行走使大车碰到止挡装置。

3.1.8 塔式起重机的检验

塔式起重机检验分为型式检验、出厂检验和安装检验。

1. 型式检验

塔式起重机有下列情况之一时，应进行型式检验：

（1）新产品投产投放市场前；

（2）产品结构、材料或工艺有较大变动，可能影响产品性能和质量；

（3）产品停产 1 年以上，恢复生产；

（4）国家质量监督机构提出进行型式检验的要求。

2. 出厂检验

产品交货，用户验收时应进行出厂检验（或称交收检验）；出厂检验通常在生产厂内进行，特殊情况可在供、需双方协议地点进行；出厂检验应提供检验报告。

3. 安装检验

（1）塔式起重机安装完毕后，安装单位应当按照安全技术标准及安装使用说明书的要求对塔式起重机进行自检、调试和试运转。

1）结构、机构和安全装置检验的主要内容与要求见表 3-5。

2）空载试验和额定载荷试验等性能试验的主要内容与要求见表 3-6。

（2）安装单位自检合格后，应当经由具有相应资质的检验检测机构检验检测合格。

（3）检验检测合格后，塔式起重机使用单位应当组织产权（出租）、安装、监理等有关单位进行综合验收，验收合格后方可投入使用，未经验收或者验收不合格的不得使用；实行总承包的，由总承包单位组织产权（出租）、安装、使用、监理等有关单位进行验收。

塔式起重机安装验收记录见表 3-7。

塔式起重机安装质量的自检和检测报告应存入设备档案。

塔式起重机停用 6 个月以上的，在复工前，应按表 3-7 重新进行验收，合格后方可使用。

塔式起重机安装自检表　　　　表 3-5

工程名称		备案证号	
工程地址		出厂日期	
设备生产厂		安装单位	
工程地址		安装日期	

资料检查项

序号	检查项目	要求	结果	备注
1	隐蔽工程验收单和混凝土强度报告	齐全		
2	安装方案、安全交底记录	齐全		
3	塔式起重机转场保养作业单或新购设备的进场验收单	齐全		

基础检查项

序号	检查项目	要求	结果	备注
1	地基允许承载能力(kN/m²)	—	—	
2	基坑围护形式	—	—	
3	塔式起重机距坑边距离(m)	—	—	
4	基础下是否有管线、障碍物或不良地质	—	—	
5	排水措施(有、无)	—	—	
6	基础位置、标高及平整度			
7	行走式塔式起重机底架的水平度			
8	行走式塔式起重机导轨的水平度			
9	塔式起重机接地装置			
10	其他			

机械检查项

名称	序号	检查项目	要求	结果	备注
标识与环境	1	登记编号牌和产品标牌	齐全		
	2*	塔式起重机与周围环境关系	尾部与建(构)筑物及施工设施之间的距离不小于0.6m		
			两台塔机之间的最小架设距离应保证处于低位塔机的起重臂端部与另一塔机的塔身之间的距离不得小于2m;处于高位的塔机的最低部件与低位塔机中处于最高位置的部件之间的垂直距离不得小于2m		
			与输电线路的距离应不小于《塔式起重机安全规程》GB 5144的规定		

名称	序号	检查项目		要求	结果	备注
金属结构件	3 *	主要结构件		无可见裂纹和明显变形		
	4	主要连接螺栓		齐全,规格和预紧力矩达到使用说明书要求		
	5	主要连接销轴		销轴符合出厂要求,连接可靠		
	6	过道、平台、栏杆、踏板		符合《塔式起重机安全规程》GB 5144的规定		
	7	梯子、护圈、休息平台		符合《塔式起重机安全规程》GB 5144的规定		
	8	附着装置		设置位置和附着距离符合方案规定,结构形式正确,附着装置与建筑物连接牢固		
	9	附着杆		无明显变形,焊接无裂纹		
	10	在空载,风速不大于 3m/s 状态下	独立状态塔身(或附着状态下最高附着点以上塔身)	塔身轴心线对支承面的垂直度≤4/1000		
	11		附着状态下最高附着点以下塔身	塔身轴心线对支承面的垂直度≤2/1000		
	12	内爬式塔机的爬升框与支承钢梁、支承钢梁与建筑结构之间连接		连接可靠		
爬升与回转	13 *	平衡阀或液压锁与油缸间连接		应设平衡阀或液压锁,且与油缸用硬管连接		
	14	爬升装置防脱功能		自升式塔机在正常加节、降节作业时,应具有可靠的防止爬升装置在塔身支承中或油缸端头从其连接结构中自行(非人为操作)脱出的功能		
	15	回转限位器		对回转处不设集电器供电的塔机,应设置正反两个方向回转限位开关,开关动作时臂架旋转角度应不大于±540°		

名称	序号	检查项目	要求	结果	备注
起升系统	16*	起重力矩限制器	灵敏可靠,限制值<额定载荷110%,显示误差≤±5%		
	17*	起升高度限位器	对动臂变幅和小车变幅的塔机,当吊钩装置顶部升至起重臂下端的最小距离为80cm处时,应能立即停止起升运动		
	18	起重量限制器	灵敏可靠,限制值<额定载荷110%,显示误差≤±5%		
变幅系统	19	小车断绳保护装置	双向均应设置		
	20	小车断轴保护装置	应设置		
	21	小车变幅检修挂篮	连接可靠		
	22*	小车变幅限位和终端止挡装置	对小车变幅塔机,应设置小车行程限位开关和终端缓冲装置。限位开关动作后应保证小车停车时其端部距缓冲装置最小距离20cm		
	23*	动臂式变幅限位和防臂架后翻装置	动臂变幅有最大和最小幅度限位器,限制范围符合使用说明书要求;防止臂架反弹后翻的装置牢固可靠		
机构及零部件	24	吊钩	钩体无裂纹、磨损、补焊,危险截面,钩筋无塑性变形		
	25	吊钩防钢丝绳脱钩装置	应完整可靠		
	26	滑轮	滑轮应转动良好,出现下列情况应报废:1.裂纹或轮缘破损;2.滑轮绳槽壁厚磨损量达原壁厚的20%;3.滑轮槽底的磨损量超过相应钢丝绳直径的25%		
	27	滑轮上的钢丝绳防脱装置	应完整、可靠,该装置与滑轮最外缘的间隙不应超过钢丝绳直径的20%		

名称	序号	检查项目	要求	结果	备注
机构及零部件	28	卷筒	卷筒壁不应有裂纹,筒壁磨损量不应大于原壁厚的10%;多层缠绕的卷筒,端部应有比最外层钢丝绳高出2倍钢丝绳直径的凸缘		
	29	卷筒上的钢丝绳防脱装置	卷筒上的钢丝绳应排列有序,设有防钢丝绳脱槽装置。该装置与卷筒最外缘的间隙不应超过钢丝绳直径的20%		
	30	钢丝绳完好度	见钢丝绳检查项目		
	31	钢丝绳端固定	符合使用说明书规定		
	32	钢丝绳穿绕方式、润滑与干涉	穿绕正确,润滑良好,无干涉		
	33	制动器	起升、回转、变幅、行走机构都应配备制动器,制动器不应有裂纹、过度磨损、塑性变形、缺件等缺陷。调整适宜,制动平稳可靠		
	34	传动装置	固定牢固,运行平稳		
	35	有可能伤人的活动零部件外露部分	防护罩齐全		
电气与保护	36*	紧急断电开关	非自动复位,有效,且便于司机操作		
	37*	绝缘电阻	主电路和控制电路的对地绝缘电阻不应小于0.5MΩ		
	38	接地电阻	接地系统应便于复核检查,接地电阻不大于4Ω		
	39	塔机专用开关箱	单独设置并有警示标志		
	40	声响信号器	完好		
	41	保护零线	不得作载流回路		
	42	电源电缆与电缆保护	无破损,老化。与金属接触处有绝缘材料隔离,移动电缆有电缆卷筒或防止磨损措施		
	43	障碍指示灯	塔顶高度大于30m且高于周围建筑物时应安装,该指示灯的供电不应受停机的影响		

名称	序号	检查项目	要求	结果	备注
轨道	44	行走轨道端部止挡装置与缓冲器	应设置		
	45*	行走限位装置	制停后距止挡装置≥1m		
	46	防风夹轨器	应设置,有效		
	47	排障清轨板	清轨板与轨道间的间隙不应大于5mm		
	48	钢轨接头位置及误差	支承在道木或路基箱上时,两侧错开≥1.5m;间隙≤4mm;高差≤2mm		
	49	轨距误差及轨距拉杆设置	<1/1000且最大应<6mm;相邻两根间距≤6m		
司机室	50	性能标牌(显示屏)	齐全,清晰		
	51	门窗和灭火器、雨刷等附属设施	齐全,有效		
	52*	可升降司机室或乘人升降机	按《施工升降机》GB/T 10054和《施工升降机安全规程》GB 10055检查		
其他	53	平衡重、压重	安装准确,牢固可靠		
	54	风速仪	臂架根部铰点高于50m时应设置		

钢丝绳检查项

序号	检查项目	报废标准	实测	结果	备注
1	钢丝绳磨损量	钢丝绳实测直径相对公称直径减小7%或更多			
2	常用规格钢丝绳规定长度内达到报废标准的断丝数	钢制滑轮上工作的圆股钢丝绳、抗扭钢丝绳中断根数的控制标准参照GB/T 5972《起重机钢丝绳保养、维护、检验和报废》			

序号	检查项目	要求	实测	结果	备注
3	钢丝绳变形	出现波浪形时,在钢丝绳长度不超过25d范围内,若波形幅度值达到4d/3或以上,则钢丝绳应报废			
		笼状畸变、绳股挤出或钢丝挤出变形严重的钢丝绳应报废			
		钢丝绳出现严重的扭结、压扁和弯折现象应报废			
		绳经局部严重增大或减小均应报废			
4	其他情况描述				
检查结果	保证项目不合格项数		一般项目不合格项数		
	资料情况		结论		
	检查人		检查日期		

注: 1. 表中序号打"﹡"为保证项目,其他为一般项目;
  2. 表中打"—"的表示该处不必填写,而只需在相应"备注"中说明即可;
  3. 对于不符合要求的项目应在备注栏具体说明,对于要求量化的参数应按规定量化在备注栏内;
  4. 表中 d 表示钢丝绳公称直径;
  5. 钢丝绳磨损量=[(公称直径-实测直径)/公称直径]×100%。

塔式起重机载荷试验记录表　　表 3-6

工程名称			设备编号		
塔机型号			安装高度		
载荷		试验工况	循环次数	检验结果	结论
空载试验		运转情况			
		操纵情况			
额定起重量		最小幅度最大起重量			
		最大幅度额定起重量			
		任一幅度处额定起重量			

载　荷	试验工况	循环次数	检验结果	结论
超载10%动载试验	最大幅度处，起吊相应额定重量的110%，做复合动作			
	最小幅度处，起吊110%最大起重量，做复合动作			
	任一幅度处，起吊相应额定起重量的110%，做复合动作			
超载25%动载试验	最大幅度处，起吊相应额定重量的125%			
	最小幅度处，起吊最大起重量的125%，起升制动器10min内吊重无下滑			
	最大与最小幅度间幅度间最大力矩点处，起吊相应额定起重量的125%			

试验组长：

试验技术负责人：　　　　　　　　　　　电　工：

实验日期：　　　　　　　　　　　　　操作人员：

塔式起重机安装验收记录表　　　表3-7

工程名称							
塔式起重机	型号		设备编号		起升高度		m
	幅度	m	起重力矩	kN·m	最大起重量	t	塔高　　　m
	与建筑物水平附着距离		m	各道附着间距		m	附着道数
验收部位	验收要求					结果	
结构件	部件、附件、连接件安装齐全，位置正确						
	螺栓拧紧力矩达到技术要求，开口销完全撬开						
	结构件无变形、开焊、疲劳裂纹						
	压重、平衡重的重量与位置使用说明要求						

验收部位	验收要求	结果
基础与轨道	地基坚实、平整,地基或基础隐蔽工程资料齐全、准确	
	基础周围有排水措施	
	路基箱或枕木铺设符合要求,夹板、道钉使用正确	
	钢轨顶面总、横方向上的倾斜度不大于 1/1000	
	塔式起重机底架平整度符合使用说明书要求	
	止挡装置距钢轨两端距离≥1m	
	行走限位装置距止挡装置距离≥1m	
	轨接头间距不大于 4m,接头高低差不大于 2mm	
机构及零部件	钢丝绳在卷筒上面缠绕整齐、润滑好	
	钢丝绳规格正确、断丝和磨损未达到报废标准	
	钢丝绳固定和编插符合国家及行业标准	
	各部位滑轮转动灵活、可靠,无卡塞现象	
	吊钩磨损未达到报废标准、保险装置可靠	
	各机构转动平稳、无异常响声	
	各润滑点润滑良好,润滑油牌号正确	
	制动器动作灵活可靠,联轴器连接良好,无异常	
附着锚固	锚固框架安装位置符合规定要求	
	塔身与锚固框架固定牢靠	
	附着框、锚杆、附着装置等各处螺栓、销轴齐全、正确、可靠	
	垫铁、锲块等零部件齐全可靠	
	最高附着点下塔身轴线对支承面垂直度不得大于相应高度的 2/1000	
	独立状态或附着状态下最高附着点以上塔身轴线对支撑面垂直度不得大于 4/1000	
	附着点以上塔式起重机悬臂高度不得大于规定高度	

验收部位	验收要求	结果
电气系统	供电系统电压稳定、正常工作、电压 380V±10%	
	仪表、照明、报警系统完好、可靠	
	控制、操纵装置动作灵活、可靠	
	电气按要求设置短路和过流、失压及零位保护，切断总电源的紧急开关符合要求	
	电气系统对地的绝缘电阻不大于 0.5MΩ	
安全装置	起重量限制器灵敏可靠，其综合误差不大于额定值的±5%	
	力矩限制器灵敏可靠，其综合误差不大于额定值的±5%	
	回转限位器灵敏可靠	
	行走限位器灵敏可靠	
	变幅限位器灵敏可靠	
	顶升横梁防脱装置完好可靠	
	吊钩上的钢丝绳防脱钩装置完好可靠	
	滑轮、卷筒上的钢丝绳防脱装置完好可靠	
	小车断绳保护装置灵敏可靠	
	小车断轴保护装置灵敏可靠	
环境	布设位置合理符合施工组织设计要求	
	与架空线最小距离符合规定	
	塔式起重机的尾部与周围建(构)筑物及其外围施工设施之间的安全距离不小于 0.6m	
其他	对检测单位意见复查	

出租单位验收意见：　　　　　　　　　　　安装单位验收意见：

负责人(签字)：　　　　　　　　　　　　负责人(签字)：

　　　　　　　　　(盖章)　　　　　　　　　　　　　　(盖章)

　年　月　日　　　　　　　　　　　　　年　月　日

使用单位验收意见：	监理单位验收意见：
项目负责人(签字)： 　　　　　　　　　　（盖章） 　年　月　日	总监理工程师(签字)： 　　　　　　　　　　（盖章） 　年　月　日

施工承包单位验收意见：

项目负责人(签字)：

　　　　　　　　　　　　　　　　　　　　　　　　　（盖章）

　年　月　日

4. 塔式起重机性能试验的方法

（1）空载试验

接通电源后进行塔式起重机的空载试验，检查各机构运行情况，其内容和要求如下：

1）操作系统、控制系统、联锁装置动作准确、灵活；

2）起升高度、回转、幅度及行走、限位器的动作可靠、准确；

3）塔式起重机在空载状态下，操作起升、回转、变幅、行走等动作，检查各机构中无相对运动部位是否有漏油现象，有相对运动部位的渗漏情况，各机构动作是否平稳，是否有爬行、振颤、冲击、过热、异常噪声等现象。

（2）额定载荷试验

额定载荷试验主要是检查各机构运转是否正常，测量起升、变幅、回转、行走的额定速度是否符合要求，测量司机室内的噪声是否超标，检验力矩限制器、起重量限制器是否灵敏可靠。

塔式起重机在正常工作时的试验内容和方法见表 3-8。每一工况的试验不得少于 3 次，对于各项参数的测量，取其三次测量的平均值。

额定载荷试验内容和方法　　　　　　　表 3-8

序号	工况	试验范围					试验目的
		起升	变幅		回转	行走	
			动臂变幅	小车变幅			
1	最大幅度相应的额定起重	在起升全范围内以额定速度进行起升、下降，在每起升、下降过程中进行不少于三次的正常制动	在最大幅度和最小幅度之间，以额定速度俯仰变幅	在最大幅度和最小幅度之间，小车以额定速度进行两个方向的变幅	吊重以额定速度进行左右回转。对不能全回转的起重机，应超过最大回转角	以额定速度往复行走。臂架垂直轨道，吊重离地500mm，单向行走距离不小于20m	测量各机构的运行速度；机构及司机室噪声；力矩限制器、起重量限制器、重量限制器精度
2	最大额定起重量相应的最大幅度		不试验	吊重在最小幅度和相应于该吊重的最大幅度之间，以额定速度进行两个方向的变幅			
3	具有多挡变速的起升机构，每挡速度允许的额定起重量	不试验					测量每挡工作速度

注：1. 对于设计规定不能带载变幅的动臂式起重机，可以不按本表规定进行带载变幅实验。

2. 对于可变速的其他机构，应进行实验并测量各挡工作速度。

（3）超载 10％动载试验

试验载荷取额定起重量的 110％，检查塔式起重机各机构运转的灵活性和制动器的可靠性；卸载后，检查机构及结构件有无松动和破坏等异常现象。一般用于塔式起重机的型式检验和出厂检验。

超载 10％动载试验内容和方法见表 3-9。根据设计要求进行组合动作试验，每一工况的试验不得少于三次，每一次的动作停稳后再进行下一次启动。塔式起重机各动作按使用说明书的要求进行操作，必须使速度和加（减）速度限制在塔式起重机限定范围内。

超载 10%动载试验内容和方法　　　　　　表 3-9

序号	工况	试验范围					试验目的
		起升	动臂变幅	小车变幅	回转	行走	
1	在最大幅度时吊起相应额定起重量的 110%	在起升高度范围内，以额定起升速度进行起升、下降	在最大幅度和最小幅度之间，臂架以额定速度俯仰变幅	在最大幅度和最小幅度之间，以额定速度进行两个方向的变幅	以额定速度进行左右回转。对不能全回转的塔式起重机应超过最大回转角	以额定速度进行往复行走。臂架垂直于轨道，吊重离地 500mm，单向行走距离不小于 20m	根据设计要求进行组合动作试验，并目测检查各机构运转的灵活性和制动性的可靠性。卸载后检查机构及结构各部件有无松动和破坏等异常现象
2	吊起最大额定起重量的 110%，在该吊重相应的最大幅度时		不试验	在最小幅度和对应该吊重的最大幅度之间，小车以额定速度进行两个方向的变幅			
3	在上两个幅度的中间幅度处，吊起相应额定起重量的 110%						
4	具有多挡变速的起升机构，每挡速度允许的额定起重量的 110%		不试验				

注：对设计规定不能带载变幅的动臂式塔式起重机，可以不按本表规定进行带载变幅试验。

209

（4）超载 25%静载试验

试验载荷取额定起重量的 125%，主要是考核塔式起重机的强度及结构承载力，吊钩是否有下滑现象；卸载后塔式起重机是否出现可见裂纹、永久变形、油漆剥落、连接松动及对塔式起重机性能和安全有影响的损坏。一般用于塔式起重机的型式检验和出厂检验。

超载 25%静载试验内容和方法见表 3-10，试验时臂架分别位于与塔身成 0°和 45°的两个方位。

超载 25%静载试验内容和方法　　　　表 3-10

序号	工况	起升	实验目的
1	在最大幅度时,起吊相应额定起重量的 125%	吊重离地面 100～200mm 处，并在吊钩上逐次增加重量至 1.25 倍，停留 10min 后同一位置测量并进行比较	检查制动器可靠性,并在卸载后目测检查塔式起重机是否出现裂纹、永久变形、油漆剥落、连接松动及其他可能对塔式起重机性能和安全有影响的隐患
2	吊起最大起重量的 125%，在该吊重相应的最大幅度时		
3	在上两个幅度的中间处,相应额定起重量的 125%		

注：1. 试验时不允许对制动器进行调整；
　　2. 试验时允许对力矩限制器、起重量限制器进行调整。试验后应重新将其调整到规定值。

3.1.9　典型塔式起重机的安装、拆卸

1. 某 TC5610 型塔式起重机

TC5610 型塔式起重机为水平臂架、小车变幅、上回转自升式塔式起重机，额定起重力矩 600kN·m，最大起重量 6t，独立高度 40.5m，最大工作幅度 56m。其安装过程如下：

（1）构筑基础

TC5610 型塔式起重机的基础可采用整体钢筋混凝土固定支腿基础和预埋螺栓固定基础两种形式。

1）整体钢筋混凝土固定支腿基础：

① 整体钢筋混凝土固定支腿基础的基本要求如下：

a. 混凝土强度等级 C35，基础土质要求坚固牢实，且承压力不小于说明书要求；

b. 混凝土基础的深度应大于1000mm；

c. 固定支腿上表面应校水平，平面度误差为2/1000。

② 固定支腿基础如图3-12所示，施工要求如下：

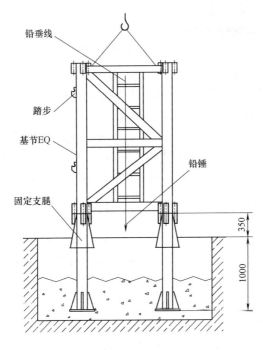

图3-12　固定支腿的结构示意图

a. 将4只固定支腿与预埋支腿固定基节 EQ 用12件10.9级高强螺栓装配在一起；

b. 为了便于施工，当钢筋捆扎到一定程度时，将装配好的固定支腿和预埋支腿固定基节 EQ 整体吊入钢筋网内；

c. 固定支腿周围的钢筋数量不得减少和切断；

d. 主筋通过支腿有困难时，允许主筋避让；

e. 吊起装配好的固定支腿和预埋支腿固定基节 EQ 整体，

浇筑混凝土。在预埋支腿固定基节 EQ 的两个方向中心线上挂铅垂线，保证预埋后预埋支腿固定基节 EQ 中心线与水平面的垂直度不大于 1.5/1000；

f. 固定支腿周围混凝土充填率必须达到 95% 以上；

g. 固定支腿应由生产厂配套，只能使用一次，不能从基础中挖出来重新使用。

2）预埋螺栓固定基础

① 基础开挖至老土（基础承载力应不小于说明书要求）找平，回填 100mm 左右卵石夯实，周边配模或砌砖后再行编筋浇筑 C35 混凝土，基础周围地面低于混凝土表面 100mm 以上以利排水，周边配模拆模以后回填卵石。

② 垫板下混凝土填充率大于 95%，四块垫板上平面应保证水平，垫板允许嵌入混凝土内 5～6mm。

③ 四组地脚螺栓（16 根）相对位置必须准确，组装后必须保证地脚螺栓孔的对角线误差不大于 2mm，确保固定基节的安装。

④ 允许在固定基节与垫板之间加垫片，垫片面积必须大于垫板面积的 90%，且每个支腿下面最多只能加两块垫片，确保固定基节安装后的水平度小于 1/750，其中心线与水平面垂直度误差为 1.5/1000。

⑤ 拧紧地脚螺栓时，不许用大锤敲打扳手。

⑥ 地脚螺栓只能使用一次，不许挖出来重新使用。因地脚螺栓为重要受力件，建议用户到塔式起重机制造商处购买。如用户自行制作地脚螺栓时，一定要符合图纸要求。

3）底架固定式基础

底架固定式地基采用四块整体钢筋混凝土基础，对基础的基本要求如下：

① 混凝土强度等级 C35。基础下土质应坚固密实，承压力不小于说明书要求，混凝土养护期大于 15d。

② 混凝土基础的深度应大于 800mm。

③ 混凝土基础与底梁接触表面应校水平，四块垫板平面度误差为 1/750。

④ 四个块基础中心连线的中间挖 1300mm × 1300mm 深 800mm 的坑，便于底梁安装。

⑤ 四块垫板相对位置必须准确，以保证底架的地脚螺栓安装。

⑥ 在底架基础节两个方向的中心线上挂铅垂线，保证安装后底架基础节中心线与水平面的垂直度不大于 1.5/1000。

⑦ 四块垫板周围混凝土充填率必须达 95%以上。

（2）安装塔身节

塔式起重机在起升高度为 40.5m 的独立状态下共有 14 节塔身节。包括一节固定基节 EQ、一节标准节 EQ、12 节标准节 E，塔身节内有供人上下的爬梯，并有供人休息的平台。安装塔身节应按如下步骤进行：

1）如图 3-13 所示，吊起 1 节标准节 EQ。注意不得将吊点设在水平斜腹杆上。

2）将 1 节标准节 EQ 吊装到固定基节 EQ 上，用 12 件 10.9 级高强度螺栓连接固定。

3）将 1 节标准节 E 吊装到标准节 EQ 上，用 8 件 10.9 级高强度螺栓连接固定。

4）所有高强度螺栓的预紧扭矩应达到 1400N·m，每根高强度螺栓均应装配两个垫圈和两个螺母，并拧紧。防松螺母预紧扭矩应稍大于 1400N·m。

5）用经纬仪或吊线法检查垂直度，主弦杆四侧面垂直度误差应不大于 1.5/1000。

（3）安装爬升架

爬升架主要由套架结构、平台、爬梯及液压顶升系统、塔身节引进装置等组成，如图 3-14 所示。塔式起重机的顶升安装主要靠爬升架完成。

顶升油缸安装在爬升架后侧的横梁上（即预装平衡臂的一侧），液压泵站放在液压缸一侧的平台上，爬升架内侧有 16 个滚

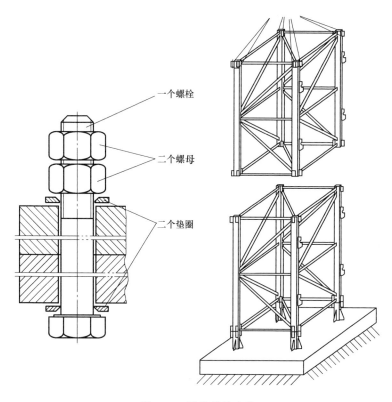

一个螺栓

二个螺母

二个垫圈

图 3-13　塔身节的安装

轮,顶升时滚轮支于塔身主弦杆外侧,起导向作用。顶升套架中部及上部位置均设有平台。顶升时,工作人员站在平台上,操纵液压系统,引入标准节,固定塔身螺栓,实现顶升。

顶升套架的安装按如下步骤进行:

1)吊起组装好的爬升架,注意顶升油缸的位置必须在塔身踏步同侧。

2)将顶升套架缓慢套装在已安装好的塔身节外侧。

3)将顶升套架上的活动爬爪放在标准节 EQ 上部的踏步上。

4)安装顶升油缸,将液压泵站吊装到平台一角,接油管,检查液压系统的运转情况。

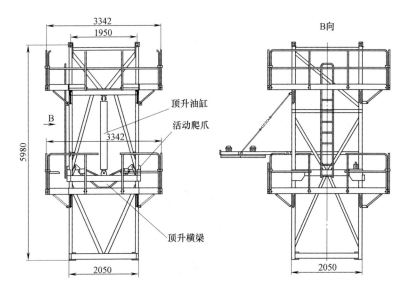

图 3-14 顶升套架总成

（4）安装回转总成

回转总成包括下支座、回转支承、上支座、回转机构共四部分。下支座下部分别与塔身节和顶升套架相连，上部与回转支承通过高强度螺栓连接。上支座一侧有安装回转机构的法兰盘及平台，另一侧工作平台与司机室连接的支耳，前方设有安装回转限位器的支座。用 $\phi55$ 的销轴将上支座与塔帽连成一个整体。回转总成的安装按如下步骤进行：

1）检查回转支承上 8.8 级 M24 高强度螺栓的预紧力矩是否达 640N·m，且防松螺母的预紧力矩稍大于 640N·m。

2）将吊点设在上支座 $\phi55$ 的销轴上，将回转总成吊起。

3）下支座的 8 个连接套对准标准节 E 四根主弦杆的 8 个连接套，缓慢落下，将回转总成放在塔身顶部。下支座与顶升套架连接时，应对好四角的标记。

4）用 8 件 10.9 级的 M30 高强度螺栓将下支座与标准节 E 连接牢固（每个螺栓用双螺母拧紧），螺栓的预紧力矩应达到 1400N·m，双螺母中防松螺母的预紧力矩应不小于 1400N·m。

5）操作顶升系统，将顶升横梁伸长，使其销轴落到第 2 节标准节 EQ 的下踏步圆弧槽内，将顶升横梁防脱装置的销轴插入踏步的圆孔内，再将爬升架顶升至与下支座连接耳板接触，用四根销轴将爬升架与下支座连接牢固。

（5）安装塔帽

塔帽的结构，如图 3-15 所示。

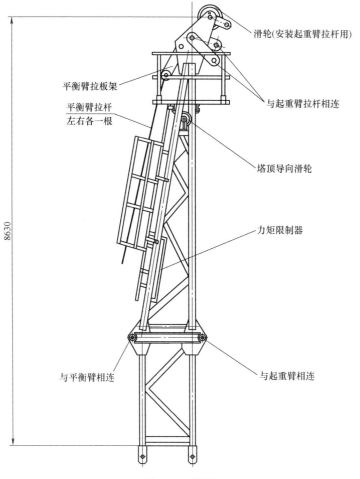

滑轮(安装起重臂拉杆用)

平衡臂拉板架

与起重臂拉杆相连

平衡臂拉杆
左右各一根

塔顶导向滑轮

力矩限制器

8630

与平衡臂相连

与起重臂相连

图 3-15 塔帽

塔帽上部为四棱锥形结构，顶部有平衡臂拉板架和起重臂拉板并设有工作平台，以便于安装各拉杆；塔帽上部设有起重钢丝绳导向滑轮和安装起重臂拉杆用的滑轮，塔帽后侧主弦下部设有力矩限制器并设有带护圈的扶梯通往塔帽顶部。塔帽下部为整体框架结构，中间部位焊有用于安装起重臂和平衡臂的耳板，通过销轴与起重臂、平衡臂相连。塔帽的安装按如下步骤进行：

1）吊装前在地面上先把塔帽上的平台、栏杆、扶梯及力矩限制器装好（为方便安装平衡臂，可在塔帽的后侧左右两边各装上一根平衡臂拉杆）；

2）将塔帽吊到上支座上，应注意将塔帽垂直的一侧对准上支座的起重臂方向；

3）用 4 件 φ55 销轴将塔帽与上支座紧固。

（6）安装平衡臂总成

平衡臂是槽钢及角钢组焊成的结构，平衡臂上设有栏杆、走道和工作平台，平衡臂的前端用两根销轴与塔帽连接，另一端则用两根组合刚性拉杆同塔帽连接。平衡臂的尾部装有平衡重、起升机构，电阻箱、电气控制箱布置在靠近塔帽的一节臂节上。起升机构本身有其独立的底架，用四组螺栓固定在平衡臂上。

平衡臂总成的安装按如下步骤进行：

1）在地面组装好两节平衡臂，将起升机构、电控箱、电阻箱、平衡臂拉杆装在平衡臂上并固接好。回转机构接临时电源，将回转支承以上部分回转到便于安装平衡臂的方位；

2）如图 3-16 所示，吊起平衡臂（平衡臂上设有 4 个安装吊耳）；

3）用销轴将平衡臂前端与塔帽固定连接好；

4）将平衡臂逐渐抬高，便于平衡臂拉杆与塔帽上平衡臂拉杆用销轴连接；

5）慢慢地将平衡臂放下，再吊装一块 2.90t 重的平衡重安装在平衡臂最靠近起升机构的安装位置上。

（7）安装起重臂总成

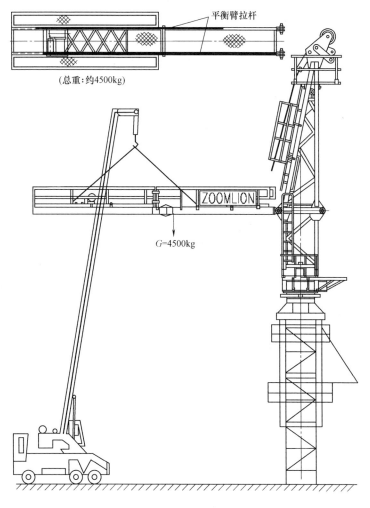

平衡臂拉杆

(总重:约4500kg)

G=4500kg

图 3-16　吊装平衡臂

1）在塔式起重机附近平整的枕木（或支架，高约 0.6m）上拼装好起重臂。

2）将载重小车套在起重臂下弦杆的导轨上，安装紧固维修吊篮，并使载重小车尽量靠近起重臂根部最小幅度处。

3）安装牵引机构，卷筒绕出两根钢丝绳，其中一根短绳通过臂根导向滑轮固定于载重小车后部，另一根长绳通过起重臂中间及头部导向滑轮，固定于载重小车前部。

4）起重臂拉杆拼装好后，放在起重臂上弦杆定位托架内。

5）接通回转机构的临时电源，将塔式起重机上部结构回转到便于安装起重臂的方位。

6）按图 3-17 所示拴好吊索试吊，起吊起重臂总成至安装高度；用销轴将塔帽与起重臂根部连接固定。

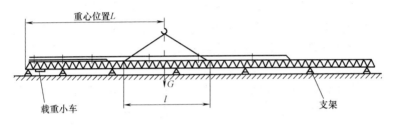

图 3-17　吊装起重臂

7）接通起升机构电源，放出起升钢丝绳，并穿过塔帽顶部滑轮，与起重臂拉杆端部连接；用汽车吊逐渐抬高起重臂的同时开动起升机构，拉动起重臂拉杆，使其靠近塔顶拉板；将起重臂长短拉杆分别与塔顶拉板 Ⅰ、Ⅱ 用销轴连接固定；用汽车吊使起重臂缓慢放下。

8）使拉杆处于拉紧状态，最后松脱滑轮组上的起升钢丝绳。

（8）安装平衡重

根据所使用的起重臂长度，按要求吊装平衡重。

（9）穿绕钢丝绳

起升钢丝绳由起升机构卷筒放出，经排绳滑轮，绕过塔帽导向滑轮向下进入塔顶上起重量限制器滑轮，向前再绕到载重小车和吊钩滑轮组，最后将绳头用销轴固定在起重臂端部的防扭装置上。

（10）接电源及试运转

当整机按前面的步骤安装完毕后，测量塔身轴心线对支撑面的垂直度，再按电路图的要求接通所有电路的电源，进行试运转。

检查各机构运转是否正确，同时检查各处钢丝绳是否处于正常工作状态，是否与结构件有摩擦，所有不正常情况均应予以排除。

（11）顶升加节

1）顶升前的准备

按液压泵站要求给油箱加油；清理好各个塔身节，在塔身节连接套内涂上黄油，将待顶升加高用的标准节 E 在顶升位置时的起重臂下排成一排，放松电缆长度略大于总的顶升高度，并紧固好电缆。

2）将起重臂转至爬升架引进节方向；在引进平台上准备好引进滚轮，爬升架平台上准备好塔身高强度螺栓。

3）顶升前塔式起重机的配平：

① 塔式起重机配平前，必须先将载重小车运行到规定的配平位置，并吊起一节标准节 E 或其他重物。然后拆除下支座四个支腿与标准节 E 的连接螺栓。

② 将液压顶升系统操纵杆推至"顶升"方向，使爬升架顶升至下支座支腿刚刚脱离塔身的主弦杆的位置。

③ 通过检验下支座支腿与塔身主弦杆是否在一条垂直线上，并观察爬升架 8 个导轮与塔身主弦杆间隙是否基本相同来检查塔式起重机是否平衡。略微调整载重小车的配平位置，直至平衡。使得塔式起重机上部重心落在顶升油缸梁的位置上。

④ 记录下载重小车的配平位置。

⑤ 操纵液压系统使爬升架下降，连接好下支座和塔身节间的连接螺栓。

4）顶升作业（图 3-18）：

① 将一节标准节 E 吊至顶升爬升架引进横梁的正上方，在标准节 E 下端装上四只引进滚轮，缓慢落下吊钩，使装在标准

节 E 上的引进滚轮比较合适地落在引进横梁上。

　　② 再吊一节标准节 E，将载重小车开至顶升平衡位置。

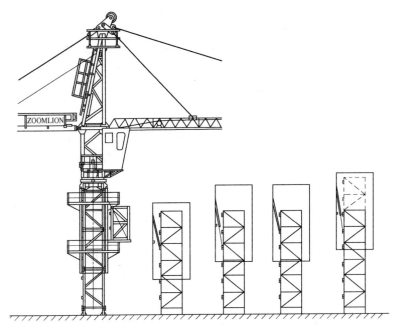

图 3-18　顶升过程

　　③ 使回转机构处于制动状态。

　　④ 卸下塔身顶部与下支座连接的 8 个高强度螺栓。

　　⑤ 开动液压顶升系统，使油缸活塞杆伸出，将顶升横梁两端的销轴放入距顶升横梁最近的塔身节踏步的圆弧槽内并顶紧，确认无误后继续顶升；将爬升架及其以上部分顶起 10～50mm 时停止，检查顶升横梁等爬升架传力部件是否有异响、变形，油缸活塞杆是否有自动回缩等异常现象，确认正常后，继续顶升；顶起略超过半个塔身节高度并使爬升架上的活动爬爪滑过一对踏步并自动复位后，停止顶升，并回缩油缸，使活动爬爪搁在顶升横梁所顶踏步的上一对踏步上。确认两个活动爬爪全部准确地压在踏步顶端并承受住爬升架及其以上部分的重量，且无局部变

形、异响等异常情况后，将油缸活塞全部缩回，提起顶升横梁，重新使顶升横梁顶在爬爪所搁的踏步的圆弧槽内，再次伸出油缸，将塔式起重机上部结构再顶起略超过半个塔身节高度，此时塔身上方恰好有能装入一个塔身节的空间，将爬升架引进平台上的标准节 E 拉进至塔身正上方，稍微缩回油缸，将新引进的标准节 E 落在塔身顶部并对正，卸下引进滚轮，用 8 件 M30 的高强度螺栓将上、下标准节 E 连接牢靠。

⑥再次缩回油缸，将下支座落在新的塔身顶部上，并对正，用 8 件 M30 高强螺栓将下支座与塔身连接牢靠，即完成一节标准节 E 的加节工作。若连续加几节标准节 E，则可按照以上步骤重复几次即可。为使下支座顺利地落在塔身顶部并对准连接螺栓孔，在缩回油缸之前，可在下支座四角的螺栓孔内从上往下插入四根（每角一根）导向杆，然后再缩回油缸，将下支座落下。

5）顶升过程的注意事项：

① 顶升过程中必须保证起重臂与引入标准节 E 方向一致，并利用回转机构制动器将起重臂制动住，载重小车必须停在顶升配平位置；

② 若要连续加高几节标准节 E，则每加完一节后，用塔式起重机自身起吊下一节标准节 E 前，塔身各主弦杆和下支座必须有 8 个 M30 的螺栓连接，唯有在这种情况下，允许这 8 根螺栓每根只用一个螺母；

③ 所加标准节 E 上的踏步，必须与已有塔身节对正；

④ 在下支座与塔身没有用 M30 螺栓连接好之前，严禁起重臂回转、载重小车变幅和吊装作业；

⑤ 在顶升过程中，若液压顶升系统出现异常，应立即停止顶升，收回油缸，将下支座落在塔身顶部，并用 8 个 M30 高强度螺栓将下支座与塔身连接牢靠后，再排除液压系统的故障；

⑥ 塔式起重机加节达到所需工作高度后，应检查塔身各连接处螺栓的紧固情况。

（12）安装附着装置

塔式起重机的工作高度超过其独立高度时，须进行塔身附着。附着装置由四套框梁、四套内撑杆和三根附着撑杆组成，四套框梁由 24 套 M20 高强度（8.8 级）螺栓、螺母、垫圈紧固成附着框架（预紧力矩为 370N·m）。附着框架上的两个顶点处有三根附着撑杆与之铰接，三根撑杆的端部有连接套与建筑物附着处的连接基座铰接。三根撑杆应保持同在一水平面内，通过调节螺栓可以推动内撑杆顶紧塔身四根主弦。安装附着装置时，应注意以下事项：

1）附着装置安装时，应先将附着框架套在塔身上，通过四根内撑杆将塔身的四根主弦杆顶紧；再通过销轴将附着撑杆的一端与附着框架连接，另一端与固定在建筑物上的连接基座连接。

2）每道附着架的三根附着撑杆应尽量处于同一水平面上。但在安装附着框架和内撑杆时，与标准节 E 的某些部位干涉，可适当升高或降低内撑杆的安装高度。

3）附着撑杆上允许搭设供人从建筑物通向塔式起重机的跳板，但严禁堆放重物。

4）安装附着装置时，应当用经纬仪测量塔身轴线的垂直度在空载、风速不大于 3m/s 状态下，独立状态塔身（或附着状态最高附着点以上塔身）轴心线垂直度偏差不得大于 4/1000，最高附着点以下塔身轴的线垂直度不得大于 2/1000，可用调节附着撑杆的长度来调整。

5）附着撑杆与附着框架、连接基座，以及附着框架与塔身、内撑杆的连接必须可靠。

6）不论附着几次，只在最上面的一道附着框架内安装内撑杆，即新附着一次，内撑杆就要移到最新附着的框架内。

塔式起重机降节、拆卸之前，顶升机构由于长期停止使用，应对各机构特别是顶升机构进行保养和试运转。在试运转过程中，应有目的地对各限位器、回转机构的制动器等进行可靠性检查。

1）降节拆卸塔身（图 3-19）

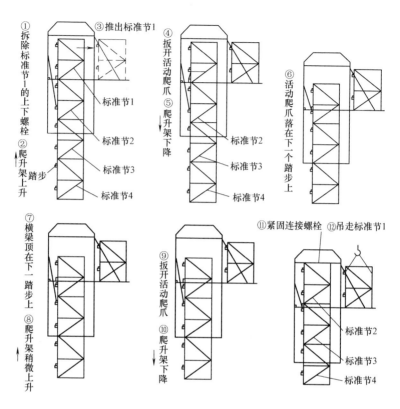

图 3-19 拆卸塔身过程示意图

塔式起重机的降节对顶升机构来说是重载连续作业，应随时对顶升机构的主要受力件进行检查。液压顶升机构工作时，所有操作人员应集中精力观察各相对运动件的相对位置是否正常（如滚轮与主弦杆之间，爬升架与塔身之间），是否有阻碍爬升架运动的物件。

① 起重臂回转到引进方向（爬升架中有开口的一侧），使回转制动器处于制动状态，载重小车停在配平位置（与立塔顶升加节时载重小车的配平位置一致）。

② 拆掉最上面塔身标准节 1 的上、下连接螺栓，并在该节

下部连接套装上引进滚轮。

③ 伸长顶升油缸，将顶升横梁顶在从上往下数第四个踏步的圆弧槽内，将上部结构顶起；当标准节1离开标准节2顶面2~5cm左右，即停止顶升。

④ 将标准节1沿引进梁向外推出。

⑤ 扳开活动爬爪，回缩油缸，让活动爬爪躲过距它最近的一对踏步后，复位放平，继续下降至活动爬爪支承在下一对踏步上并支承住上部结构后，再回缩油缸。

⑥ 将顶升横梁顶在下一对踏步上，稍微顶升至爬爪翻转时能躲过原来支撑的踏步后停止，拨开爬爪，继续回缩油缸，至下一标准节与下支座相接触时为止。

⑦ 下支座与塔身标准节之间用螺栓连接好后，用小车吊钩将标准节吊至地面。

⑧ 在塔式起重机标准节已拆出，但下支座与塔身还没有用相应高度螺栓连接好之前，严禁回转机构、牵引机构和起升机构动作。

⑨ 爬升架的下落过程中，当爬升架上的活动爬爪通过塔身标准节主弦杆踏步和标准节连接螺栓时，须用人工翻转活动爬爪，同时派专人看管顶升横梁和导向轮，观察爬升架下降时有无被障碍物卡住的现象。以便爬升架能顺利地下降。

重复上述动作，将塔身降节拆卸至指定高度。

塔身降节至说明书规定高度后，开始拆卸塔式起重机。

2）拆卸平衡重

① 将载重小车固定在起重臂根部，借助辅助吊车拆卸平衡重。

② 按照安装平衡重的相反顺序，将各块平衡重依次卸下，仅留下一块2.90t的平衡重块。

3）拆卸起重臂

① 放下吊钩至地面，拆除起重钢丝绳与起重臂前端上的防扭装置的连接。开动塔式起重机起升机构，收回钢丝绳至塔帽顶

端，穿过拉杆滑轮与塔顶起重钢丝绳固定点固定。小车开至起重臂根部并与起重臂用钢丝绳固定。

② 按照说明书规定吊点设置吊索。

③ 在起重臂两端各系挂牵引绳，使起重臂下放时地面人员能够牵引其摆正位置。

④ 开动汽车吊缓慢提升起重臂，使起重臂拉杆处于松弛状态；拆去起重臂拉杆与塔顶拉板的连接销，通过塔式起重机起升机构缓慢放下拉杆至起重臂上弦杆固定。

⑤ 调整辅助起重设备起吊高度，尽量使起重臂根部销轴受力最小。拆除起重臂根部销轴，拆除过程中可微调吊钩方位。在拆除最后一根销轴前，为防止因吊点位置不准确致使起重臂与塔身脱离时产生较大的晃动，撞击人员等产生伤害，须用短钢丝绳作为保险钢丝绳将起重臂根部与塔帽连接起来。作业人员必须选择好操作位置，系好安全带，待销轴拆解完毕后，辅助起重设备调整吊钩位置使保险钢丝绳处于松动状态时即可解除钢丝绳。

⑥ 放下起重臂，并搁在垫有枕木的支座上。

4）拆卸平衡臂

将平衡重块全部拆下，然后通过平衡臂上的四个安装吊耳吊起平衡臂，使平衡臂拉杆处于放松状态，拆下拉杆连接销轴。在平衡臂两端各系挂牵引绳悬垂地面，由地面人员牵引。然后拆掉平衡臂与塔帽的连接销，将平衡臂平稳放至地面上。

5）拆卸司机室

6）拆卸塔帽

拆卸前，检查与相邻的组件之间是否还有电缆连接。

7）拆卸回转总成

拆掉下支座与塔身的连接螺栓，伸长顶升油缸，将顶升横梁顶在踏步的圆弧槽内并稍稍顶紧，拆掉下支座与爬升架的连接销轴，回缩顶升油缸，将爬升架的爬爪支承在塔身上，再用吊索将回转总成吊起卸下。

8）拆卸爬升架及塔身标准节

① 吊起爬升架，缓缓地沿标准节从上部吊出，放至地面。

② 依次拆下各节标准节。

9）拆卸底架总成

拆卸方法与底架安装方法相反。

2. 某 STL1460C 型动臂塔式起重机

（1）安装工艺如下：

1）安装加强节与标准节

标准节/加强节出厂状态一般为片装式散件，需到安装现场进行现场组装。拼装时应采用汽车吊进行配合。组装方法为：将标准节桁架散件起竖后底部对齐，用销轴连接，再依次安装平台、爬梯、护圈等附件如图 3-20 所示。

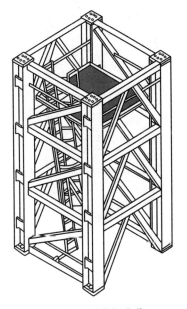

安装首节标准节/加强节，加强节在平面方向上就位后，底座上的螺栓孔应对准地脚栓位置，缓慢下降直至坐实至混凝土表面，用双螺帽紧固。

首次安装的塔身高度，满足爬升套架安装所需的高度，以方便后继安装。

2）安装顶升套架

安装前，将顶升套架组装在地面组装一起。安装方法可参照非平头塔式起重机。

图 3-20 拼装标准节

组装好套架后，用四根钢丝绳挂扣于套架顶部的四角上，套装于基础上已安装好的标准节上，就位后，将顶升横梁固定在底部的标准节顶升吊耳上。如图 3-21 所示。

3）安装回转支座及平台

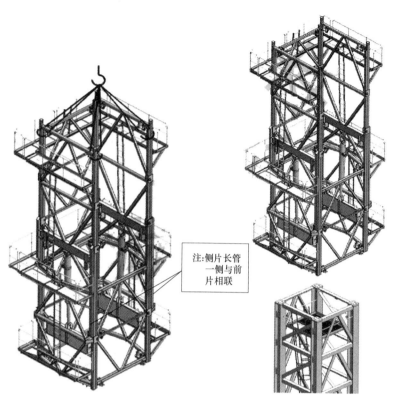

注:侧片长管
一侧与前
片相联

图 3-21　顶升套架安装图

回转总成包括下平台、上平台、回转支承、登机栈道、电气控制柜、操作室等。安装前应将以上散件逐个组装到回转机构主体上。

用 4 根合适的吊索，吊起组装好的回转总成。为顺利安装，可在回转尾部系上根牵引绳。就位后，用螺栓将回转总成连接在标准节上。如图 3-22 所示。

4）安装平衡臂

安装平衡臂前，将平衡臂稍稍吊离地面，检查部件是否平衡，并在平衡臂上系 2 根牵引绳。

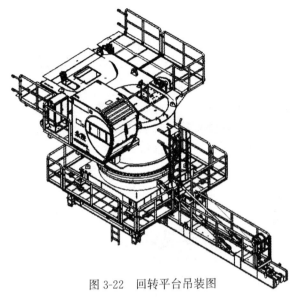

图 3-22　回转平台吊装图

　　用销轴将平衡臂与回转连接。将起升、变幅机构安装在平衡臂上。如图 3-23 所示。

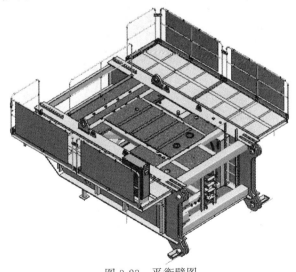

图 3-23　平衡臂图

5）安装塔帽

安装前，必须先将塔帽在地面组拼成整体。

用销轴将定滑轮架与前撑架相连接，并插上开口销。用销轴将后撑杆与定滑轮架连接，用卡板卡固后用螺栓紧固。

翻转塔帽，将塔帽放倒至支架上，前撑架向上放置，用销轴将防倾翻装置与塔帽连接，用螺栓将拉绳、防倾翻装置、塔帽连接，用螺母紧固；用销轴将斜梯与塔帽连接；用销轴将梯子与塔帽连接；用销轴将平台与塔帽连接。

将塔帽缓慢吊起，直至后撑架达到安装尺寸位置。用销轴将塔帽分别与上回转支座和平衡臂相连接。如图 3-24 所示。

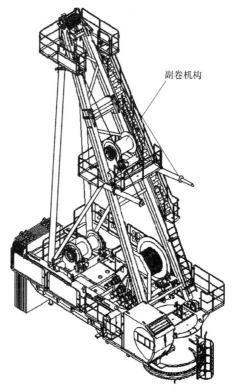

副卷机构

图 3-24　A 字形塔帽结构图

6）安装配重块

按顺序将配重块安装在平衡臂的尾部，根据臂长选择配重组合及安装位置，应按说明书的配置表执行。

检查验证配重块落到齿槽中固定后，方可使用。

7）安装起重臂架

在安装臂架前根据说明书要求先在平衡臂上安装配重块。

在地面将平台、护栏及变幅拉杆组装至臂架上，不同臂长的组合，应按说明书中配置表执行。用销轴和拉板将绷绳连接在一起，用销轴将绷绳安装在臂架上。

由地面吊起臂架，使臂架与水平线成大约 17°夹角，检查其稳定性及横向水平性；吊起臂架，然后将其吊至连接位置，用销轴将臂架与上转台连接。

将辅助钢丝绳与起升卷筒相连接，引辅助钢丝绳从起升卷筒到绷绳，辅助钢丝绳经过塔帽的导轮与绷绳的一端连接。

操作辅助吊，使臂架的仰角增大，操作起升机构，缠绕辅助钢丝绳，使其绷紧，直至绷绳的一端连接在塔帽上，并用销轴固定。

下落臂架，使绷绳拉直，卸下吊具。如图 3-25 所示。

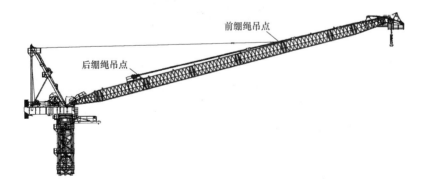

图 3-25　起重臂架安装图

8）穿绕变幅钢丝绳和起升钢丝绳

起重机 A 字形塔帽、前臂、回转等机构全部安装完成后，可进行变幅钢丝绳和起升钢丝绳的穿绕，此时需使用辅助起重机、辅助钢丝绳，完成穿绕变幅及起升钢丝绳工作。

① 变幅钢丝绳的穿绕方法

将变幅钢丝绳头与辅助钢丝绳相连，引辅助钢丝绳经过塔帽滑轮组，与变幅拉绳滑轮组相连接。

操作变幅机构，直至辅助钢丝绳缠绕在变幅拉绳滑轮组上，引辅助钢丝绳到塔帽滑轮组，将辅助钢丝绳缠绕在塔帽滑轮组上，来回几次，反复缠绕，最后通过塔帽顶部导轮，缠绕到起升卷筒上。如图 3-26 所示。

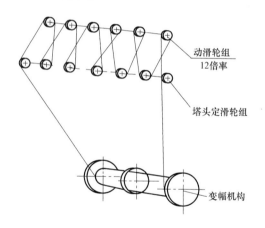

图 3-26　变幅钢丝绳的穿绕方法

操作起升机构、变幅机构，起升机构缠绕辅助钢丝绳，变幅机构释放钢丝绳，使变幅钢丝绳完全缠绕在塔帽滑轮组、变幅拉绳滑轮组上，将变幅钢丝绳锁固在塔帽上，拆除辅助钢丝绳。

操作变幅机构，拉起臂架，使绷绳松弛，拆下绷绳与臂架连接销轴。操作起升机构，释放辅助钢丝绳，使其完全脱离起升卷筒。

② 起升钢丝绳穿绕方法

从起升机构引钢丝绳到塔帽排绳轮，经臂架滑轮组，最后用销轴固定在起重臂端部捋直器，由于不同倍率时，起升钢丝绳的固定位置不同，安装时要根据不同的倍率来固定起升钢丝绳的位置。如图 3-27 所示。

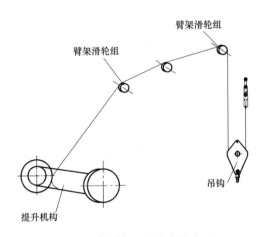

图 3-27　起升钢丝绳的穿绕方法

9）顶升作业

顶升加节及附着安装方法可参照非平头塔式起重机。

（2）动臂塔式起重机的降节、拆卸

STL1460C 动臂变幅塔式起重机拆卸程序如下：

1）联结通往塔顶的爬梯。

2）将顶升套架升至塔身顶部，并将其四个角与回转下支座连接。

3）安装顶升组件，并注意以下几点：

① 使油缸全部伸出并将顶升横梁销接于顶升耳座上；

② 将顶升横梁装在相应的顶升耳座上；

③ 松开顶升横梁组件，油缸向下伸出一个行程，空载检查两侧顶升油缸是否同步；

④ 将起重臂架旋转至顶升套架开口一侧，开动引进小车，将要拆掉的标准节连接在引进小车上。

4）按塔式起重机顶升操作方法，用相反顺序进行操作；

5）依次将标准节拆下。下降时，必须保证顶升横梁上的顶升挂板与标准节踏步靠紧。遇有附着装置可将附着装置拆下，使塔式起重机处于顶升加节前的安装位置。

6）重复若干次上述操作，直至塔身全部拆卸完毕。拆卸标准节与顶升标准节相同，必须进行顶升平衡，然后进行降节拆卸工作。

7）卸下油缸。

8）拆除起升钢丝绳及塔式起重机各电缆线。

9）按安装相反顺序拆卸塔机各结构。

3. 某 QTZ7530 型塔式起重机

（1）该塔式起重机塔顶为倾斜桅杆形式，平衡臂一般由具有一定高度的桁架梁构成。该塔式起重机和普通非平头塔机在机身部分的安装、顶升方法基本相同，其主要区别在回转支承以上部分的安装。

图 3-28　斜塔帽式塔式起重机实图

（2）回转总成及以下部分结构均与非平头塔机相同，安装时可参照非平头塔机。

（3）安装平衡臂（图 3-29）

先在地面上将平衡臂组装在一起，在臂端和臂根节之间连接走道；将平衡重托架吊装到平衡臂端；装上两侧的护栏，护栏之间用卡箍连接。

用两根吊索挂在平衡臂端节的四个预留吊点上，将平衡臂从地面上吊起，吊起时尽可能使平衡臂略向前倾，到位后，将上面的两个销轴固定。

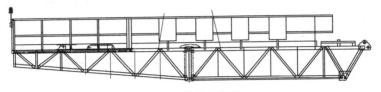

图 3-29　吊装平衡臂

放下平衡臂，固定下面的两个销轴。

根据说明书要求吊装平衡重，将其吊入平衡重托架靠近塔身位置。（图 3-30）

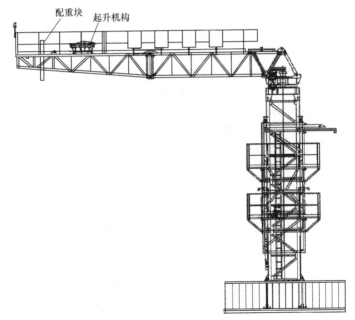

图 3-30　平衡臂安装完成图

（4）安装塔顶桅杆组件

在地面上分别将前拉杆，中拉杆，后拉杆，安装在桅杆相应的拉板上；接好起升机构电机最低档的临时工作电源，检查能否正常工作，并放出部分起升钢丝绳。

用两根钢丝绳吊索吊起桅杆，将其运至起升机构附近，把放出的钢丝绳穿过桅杆上部的滑轮（注意：应从上往下穿过），将钢丝绳的绳头回扣在起升机构底座的槽钢上，并检查是否扣牢。继续放出部分钢丝绳，其长度保证桅杆运至平衡臂前部上端。

将桅杆下部两孔安装在回转塔身前部孔内，装上销轴及开口销，然后将起升机构钢丝绳收紧，但必须保证桅杆前倾约 60°左右（使桅杆前拉杆可以连接到吊臂上弦拉杆），卸去辅助吊车。如图 3-31 所示。

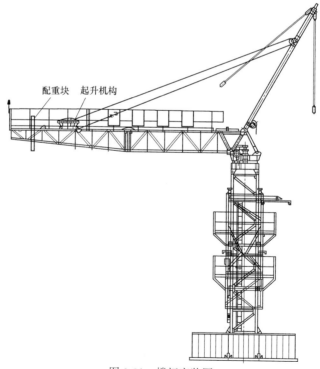

图 3-31　撑杆安装图

（5）安装起重臂及拉杆组件

在地面上将吊臂按顺序排列，先套上起重小车并将其与起重臂绑扎固定，装上小车上的检修挂篮，然后将吊臂组装成一体。

穿好并拉紧变幅机构钢丝绳。

装上拉杆托架、将剩余中、前拉杆连接后放在吊臂上弦杆并与上弦杆绑扎牢固，吊臂拉杆安装完成后应插入销轴固定。

在起重臂上挂好两根吊索，并在起重臂前端系上一根牵引绳，以便于在吊装过程中进行导向。将吊索扣在辅助吊车吊钩上，根据说明书确定大臂上的吊点位置。吊点的位置，应在臂架上弦杆节点前或节点后，禁止放在两腹杆之间，在吊点处，钢丝绳不要挤压拉杆，用辅助吊车将起重臂吊至销接点以上，然后逐渐下放到两个臂根销轴能穿过，并用开口销止退。

辅助吊车将吊臂前端部放至地下，将吊点移至前拉杆外侧，提升吊臂前端部，直至起重臂上前、中拉杆能与桅杆上拉杆连接，分别对应连接起重臂中、前拉杆与桅杆上的中、前拉杆，用销轴固定好，拆除吊臂上拉杆的绑扎物，然后逐步收紧起升机构钢丝绳，使塔顶桅杆后倾，此时辅助吊车应与起升机械协同工作，在收紧起升钢丝绳的同时再吊高起重臂前端，直到将桅杆上的后拉杆与平衡臂上的后拉杆用销轴固定。如图3-32所示。

特别注意的是：只能用收紧起升钢丝绳的方法略收紧拉杆和吊臂及拽动塔吊桅杆，不允许用收紧起升钢丝绳的方法拽动或提升起重臂；要仰起起重臂时只能靠辅助吊车提升。

吊具暂不拆卸，拆掉起升钢丝绳，辅助吊车将起重臂慢慢放下，在平衡臂拉杆和吊臂拉杆张紧后，松开吊具。

（6）安装其余配重块、驾驶室

按安装顺序将配重块摆放好，然后依靠吊车依次把配重块放在平衡臂的适当位置。当全部配重块都放置完好之后，必须要把它们锁在一起，完全固定在平衡臂上。用吊车吊装驾驶室。至此

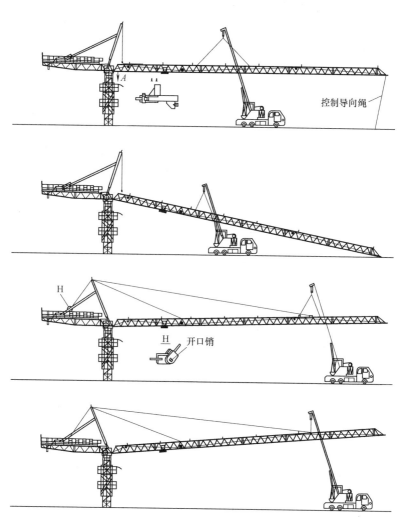

控制导向绳

H

H 开口销

图 3-32 起重臂安装过程

步骤安装完成后，辅助吊车可以退场。

（7）穿绕钢丝绳、调整各项限位并进行各机构试运转，方法均与非平头塔机一样。

4. 某 QTZ125G（FS6016）型内爬塔式起重机

QTZ125G（FS6016）型内爬塔式起重机初始安装在固定混凝土基础上。爬升时，塔式起重机根据所处空间选择适当长度和截面的钢梁 6 根（每个框架下两根），用来支承三个内爬框架。塔式起重机工作时，仅用两个框架（中、下框架），中框架工作中必须用内桅杆将塔身四主弦杆顶紧，需要爬升时，才将上框架装安装，以使塔式起重机爬高。内爬系统如图 3-33 所示，内爬塔式起重机爬升过程如图 3-34 所示。

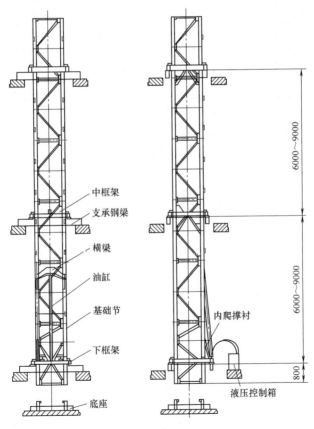

图 3-33　内爬系统简图

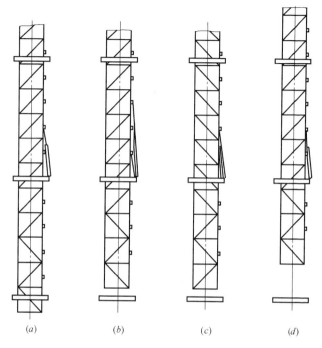

图 3-34　内爬塔式起重机爬升过程示意图

(a) 爬升前状态；(b) 爬升中液压缸伸出一行程状态；

(c) 爬升一行程后液压缸缩回；(d) 爬升一节状态；

（1）将预备框架安装固定于建筑物上，并调整好导轮与塔身之间隙；

（2）将起重臂回转到规定位置并固定，使平衡臂位于顶升油缸正上方，调整小车幅度，使塔式起重机重心的垂直平面通过塔身踏步；

（3）拆除中框架部位塔身上的 8 根内撑杆，松开中、下框架上的顶块，调整好各处导轮与塔身之间隙，将液压油缸等系统及内爬撑杆装于中框架上，然后，将顶升横梁（扁担梁）顶在塔身踏步上，操纵液压系统，将塔身稍微顶起，收回内爬基础节上的四条伸臂；

（4）操纵油缸，将塔身上移 1.5m 左右，将内爬框架上的两根内爬撑杆支撑在塔身踏步上；

（5）收回油缸，将活塞杆头部的扁担梁支撑在下一对踏步上，操纵油缸向上顶升 1.5m 左右，然后再用撑杆撑住另一对踏步，周而复始；

（6）当基础节的四条伸臂超过中部内爬框架平面时，拉出伸臂，缩回油缸，将塔式起重机坐落在中内爬框架上；

（7）将 8 根内撑杆支撑在与最上面一个框架位于同一水平的塔身四周，适当顶紧塔身主弦杆，配合内爬框架上的顶块调整塔身的垂直度至 4/1000 以内，然后，适当顶紧上面两框架的顶块，锁住顶块螺母；

（8）将最下面已脱离塔身的框架及支承钢梁提升至施工楼层以备下一次爬升用；

（9）内爬框架间距按说明书要求设置，安装楼层按建筑物情况而定。工作时仅两个框架受力，第三个框架是预备框架，顶升油缸顶升时，必须安装在中部的受力框架上进行工作。

3.2 塔式起重机维护保养

3.2.1 塔式起重机维护保养的意义

由于塔式起重机长期处在露天环境中使用，机械的零部件要产生磨损、腐蚀、间隙增大、配合性能改变，必将直接影响到设备原有的平衡、稳定性和可靠性，降低机械设备的性能和使用效率，甚至会造成机械设备无法正常运行。

为保证设备经常处于良好的技术状态，减少机械磨损，减少故障发生，提高机械完好率，延长机械使用寿命，确保安全生产。必须对塔式起重机在使用、拆卸后的转场过程中做好维护保养工作。

（1）通过清洁保养，能减少机械的腐蚀，延长使用寿命。

（2）通过润滑保养，能使零部件表面经常保持润滑状态，减轻零部件的磨损。

（3）通过检查，及时将各机构在运转过程中造成的配合间隙增大、改变等工作关系加以调整，提高其使用性能。

（4）通过检查，及时发现机械连接部件间的松紧情况，并加以紧固，防止机械局部损坏并发生事故。

（5）通过防腐保养，做好机构件等的表面除锈及油漆，以减少自然环境对机械的侵蚀。

（6）通过拆检，对机械内在问题加以检查，对损坏和磨损严重的部件及时更换，保证机械综合性能不受影响。

3.2.2　塔式起重机维护保养分类

塔式起重机的维护保养分为例行保养（日常保养）、初级保养（定期保养）和高级保养（转场保养）。

例行保养：应在每班作业的班前、班中、班后进行，作业内容为检查、清洁、润滑、紧固、调整、防腐。作业人员应是当班司机。

初级保养：应在施工现场进行，保养周期为工作一个月或累计工作 300h。作业内容为检查、调整、紧固、润滑、清洁、防腐。

初级保养的作业人员以专业维保人员为主，司机协助。

高级保养：宜在保养场内进行，保养周期为一个建筑工程使用周期。作业主要内容为拆检、调整、紧固、润滑、清洁、防腐、更换。

高级保养的作业人员为专业维保人员。

3.2.3　塔式起重机保养的内容及要求

1. 例行保养

例行保养应在每班作业前、作业中、作业后进行，由司机负责检查和保养，主要内容包括：

（1）对基础及地脚螺栓进行检查，做到基础无积水，地脚螺栓无松动、断裂现象，轨道连接可靠，轨道上无障碍物，接地装置连接牢固。

（2）对主要钢结构及连接进行检查。连接螺栓齐全，紧固可靠，结构件无开裂变形现象。

（3）对各机构进行检查，各机构应运转正常，无异响，减速机无漏油、渗油现象，各制动器表面无油污，制动效果应灵敏可靠。

（4）对电气系统进行检查。各连接线端子应连接牢固可靠；导线及电缆无破损漏电现象；各电气元件工作正常；操作开关应完好、有效。

（5）检查安全限位及保险装置，确保可靠、有效。

（6）检查钢丝绳。钢丝绳在卷筒上排列整齐、紧固牢靠，防脱槽装置有效，无脱槽现象发生，各绳头压板、卡子无松动。

（7）每工作一周，各制动器铰点、吊钩轴承、回转支承、安全装置轴处应加注润滑油或润滑脂。

（8）对驾驶室、门窗做好清洁工作。

塔式起重机例行保养内容及要求　　　　表3-11

序号	项　目	要　　求
1	塔吊基础	班前检查基础有无积水，地脚螺栓有无松动等现象，及时做好抽水及螺栓紧固。清除基础轨道上的障碍物
2	行走限位开关和撞块	行走限位挡铁条不变形，限位开关应动作灵敏、可靠，轨道两端的撞块完好、不移位
3	接地装置	检查接地线，确保接地线与塔吊基础节或轨道的连接良好，无断线
4	电缆线	电缆线无破损，架空固结牢靠，无拖地现象
5	主要结构件的连接螺栓	检查底架、标准节的连接螺栓的紧固情况，对松动的螺栓加以紧固
6	减速器齿轮箱油液	检查起升、回转、变幅、行走等机构齿轮箱内的润滑油量，不足的应及时添加
7	制动器	检查制动器，制动片磨损不超标、表面无油污，闸瓦张开间隙在规定范围内，各连接紧固件无松旷，确保带载制动有效

序号	项 目	要 求
8	钢丝绳	检查钢丝绳,做到钢丝绳在绳筒上排列整齐,不脱槽,滑轮转动灵活。无严重断丝、松散、变形等现象
9	导向轮	检查各导向轮,确认导向轮转动灵活,并对导向轮轴加注润滑油
10	安全装置	检查力矩限位器、起重量限位器、高度限位器、变幅限位器和行走限位器,各安全装置应可靠有效,驾驶室内的控制显示功能正常,否则应及时报修
11	保险装置	检查钢丝绳防脱槽保险装置和吊钩保险装置是否损坏及变形,存在问题应及时修复
12	供电电压	观察操纵台上仪表盘电压指示值是否在 380±10%范围内,电压过高或过低时,均应停机检查,待电压正常后方可工作
13	电气设备	使用中应注意各机构运转是否顺畅,运转中电器部件是否发出"嗡嗡"的缺相声,如发现应立即停机检修
14	夹轨器	下班后应将夹轨器夹紧轨道,做到与钢轨紧贴无间隙和松动,丝杆无变形,夹爪无开裂
15	班后检查	清洁驾驶室和操纵台灰尘,所有操纵手柄应放至零位,切断总电源开关,关锁好窗门

2. 初级保养

初级保养应在施工现场进行,作业周期为工作一个月或累计工作 300h,有专业维保人员负责,司机配合。

主要作业内容为:

(1)检查地脚螺栓有无松动现象并加以紧固,对螺母涂抹油脂。

(2)检查主要结构件有无脱焊、裂纹和变形,确保连接螺栓齐全、紧固可靠。

(3)对起升机构和变幅机构进行检查,补充或更换减速器润滑油;起升机构制动器液压油应按夏冬季节更换;并对变幅小车走轮、靠轮轴承加注润滑脂;各机械联轴器、销轴、机座、电机的螺栓应紧固。

（4）按规定扭矩紧固回转支承连接螺栓，清洗回转齿轮、齿圈，涂抹润滑脂，向回转支承滚道内加注润滑脂。

（5）检查行走机构台车上压重块的固定情况，防风夹轨器应牢固有效，传动机构完好，电缆线不得在地面上拖行。并对轨道进行测量，确保误差在规定范围内。

（6）检查顶升机构，添加或更换液压油，油量应充足，无杂质、乳化现象；检查油缸、油路的连接，油路、液压泵、油缸、控制阀等应无渗漏现象；溢流阀及油压表应正常工作。

（7）检查电气系统，清除控制箱、接触器上的灰尘和铜屑，换损坏电器元件；清洗变频器滤网；测量接地电阻，接地电阻值应不大于4Ω；检查电缆线有无破损现象。

（8）检查起重力矩限制器、起重量限制器、起升高度限位器、回转限位器、变幅限位器，确保安全限位装置灵敏有效。检查绳筒和滑轮防脱槽装置、小车断绳保护装置、吊钩保险装置等是否齐全有效。对损坏、无效的限位装置、保险装置加以修复。

塔式起重机初级保养内容及要求　　　　　表 3-12

序号	项　　目	要　　求
1	例行保养	按例行保养项目进行
2	地脚螺栓	检查地脚螺栓,并对螺栓及螺母涂抹油脂防锈
3	连接螺栓	检查紧固各标准节连接螺栓,检查紧固附墙装置连接螺栓,检查销的轴向制动措施是否可靠
4	主要结构件	检查底座、塔身、塔帽、起重臂、平衡臂等结构部件组成的杆件有无扭曲、变形、焊缝开裂等情况,必要时予以修复
5	工作机构减速器油量	检查起升机构制动器液压油,并按夏冬季节更换液压油,紧固各机械联轴器、销轴、机座、电机的螺栓,对变幅小车走轮、靠轮轴承加注润滑脂,对回转齿轮、齿圈,涂抹润滑脂,紧固回转支承连接螺栓
6	行走机构及轨道	检查台车架上的压重块的固定,应固定牢靠;防风夹轨器牢固有效,不得缺失;测量轨顶标高,轨道顶面纵横方向上的倾斜度不得大于3/1000(上回转塔吊),轨距误差不大于公称值的1/1000,绝对值不大于6mm

序号	项　目	要　求
7	制动器	检查制动器,制动器的弹簧、拉杆、销轴和开口销应完好;电磁铁的活动衔铁不应与线圈铁芯相摩擦;制动摩擦片应接触均匀,间隙适当,制动可靠有效,摩擦片磨损超过原厚度50%时应予更换
8	滑轮及钢丝绳	检查各滑轮、销轴有无磨损,并加注润滑脂;检查钢丝绳穿绕及钢丝绳本身是否良好;磨损等超标时应更换
9	顶升机构	检查液压油的油量是否充足,有无杂质、乳化现象,必要时添加或更换。检查油缸、油管的连接,油管、液压泵、油缸、控制阀等应无渗漏现象;油压表应正常工作
10	电气系统	清除集电器碳刷与滑环上的灰尘与脏物;清除控制箱、接触器上的灰尘和铜屑,修磨或更换烧蚀磨损的触头,使其接触均匀,间隙适当;测量接地电阻,接地电阻值应不大于4Ω;对变频器的进风口过滤网进行清洗除尘

3. 高级保养

（1）标准节、起重臂、平衡臂、塔帽、附墙装置等结构件应无变形、扭曲、脱焊、裂纹等现象;应对变形或弯曲的杆件进行调整和更换,修整开裂的焊缝。标准节、起重臂、平衡臂、塔帽、顶升套架、回转总成、驾驶室、走道等结构件应完好可靠,并进行除锈、防腐处理。

（2）各连接螺栓、销轴、开口销应完好可靠,并进行除锈、涂油、螺纹修整,更换损坏零件,确保各部件连接有效可靠。

（3）检查减速器,更换磨损超标的齿轮、油封、轴承、轴套、挡圈等零件;清洗减速器,更换齿轮油;检查和调整联轴器的轴向和径向间隙,紧固联轴器、减速器机座、电机的螺栓,使之达到说明书要求。

（4）检查变幅机构,清洗牵引小车滑轮组、轴承,加注润滑脂。

（5）检查回转齿轮与齿圈啮合情况,必要时进行回转支承拆检；清洗减速器，更换齿轮油，更换磨损的小齿轮。

（6）顶升机构拆卸清洗控制阀、液压泵，更换滤油器；检查油缸内的油封，必要时应更换；清洗油箱，更换液压油。

（7）检查所有电线、电缆，应无损伤，及时更换损坏的电线、电缆；检查电机，应无过热现象，电机轴承应加注润滑脂；电气线路及电器元件对外壳的绝缘电阻应不低于0.5MΩ。清除变频器灰尘。

塔式起重机高级保养内容及要求　　　　　　表3-13

序号	项　目	要　求
1	金属结构、部件	检查标准节、起重臂、平衡臂、塔帽、附墙装置等结构件有无变形、扭曲、裂缝、脱焊等现象，并加以校正、修复；检查各走道板、休息平台、护栏、扶梯、防护圈等有无损坏、变形，并加以整形修理。对各连接螺栓、销轴、开口销等进行检查、除锈、涂油，并分类放置
2	拆检各类减速器	拆检起升减速器、回转减速器、变幅减速器，放尽齿轮油，检查各级齿轮、轴、轴承、轴套、挡圈、油封等零件，对磨损、超标的零部件加以更换。重新加注齿轮油
3	回转机构	检查回转齿轮与齿圈的啮合情况，啮合不良应更换小齿轮，如回转支承运转有响声时应拆检回转支承，更换内部磨损的滚珠及挡圈，重新加注润滑脂
4	行走机构	检查行走轮的磨损情况，如行走轮厚度磨损达到原厚度的15%，轮缘厚度磨损量达到原厚度的50%时，应更换行走轮。清洗检查升式齿轮、液力偶合器等磨损情况，更换磨损的零部件
5	顶升机构	拆卸清洗控制阀、溢流阀、液压泵，更换滤油器，必要时更换液压油缸内油封，清洗油箱，更换液压油
6	制动器	拆检制动器，修整制动轮毂表面的拉毛及起棱，更换磨损达标的制动片、制动盘；更换液力推杆制动器液压油，调整电磁制动器衔铁行程
7	滑轮组	检查滑轮组，滑轮槽壁破裂或槽壁磨损量超过原厚度的20%，滑轮槽底磨损超过钢丝绳直径的25%时，应更换滑轮；对滑轮组、轴承加注润滑脂
8	电器元件及线路	检查所有的电器元件、电线、电缆，更换损坏、失效的接触器、继电器、电气开关、电阻器、仪表、电线等，将电缆入库保管；清除变频器风扇、进风滤网、散热片等上的灰尘

序号	项　目	要　求
9	电动机	检查电动机,电动机运转时应无过热现象,电动机转子、定子的绝缘电阻值不得低于 0.5MΩ。滚动轴承径向间隙超过 0.15mm 时应更换,对电动机轴承加注润滑脂
10	吊钩	检查吊钩有无裂纹、破口产生,挂绳处的磨损量有无达到报废标准等情况,吊钩达到报废标准时应更换
11	钢丝绳	检查各机构部位的钢丝绳,对可正常使用的钢丝绳做好清理并浸油保养,达到报废程度的应进行更换
12	安全装置	检查起重力矩限位器、起重量限位器、起升高度限位器、变幅限位器是否完好,检查其接触点及接线是否完好有效,变幅小车断轴保护器应有效可靠,对不符合要求的应修复或更换
13	防腐油漆	对塔式起重机金属结构,各传动机构进行清理、除锈,并视机况进行防腐、油漆

3.2.4　塔式起重机润滑保养规定

为保证塔式起重机正常工作,防止使用过程中零部件的不正常磨损,应按规定做好润滑保养工作。具体见润滑周期表(表 3-14)。

塔式起重机的润滑周期表　　　　表 3-14

序号	润滑部位	润滑剂	润滑周期(h)	润滑方式	备注
1	齿轮减速器、行星齿轮减速器、涡轮蜗杆减速器	齿轮油 冬 HL-20 夏 HL-30	200 1000	添加 更换	
2	起升、回转、变幅、行走机构的开式齿轮及排绳器	石墨钙基润滑剂 ZG-S	50	涂抹	
3	钢丝绳		200	涂抹	高级保养时注油
4	各部位、各类连接螺栓、销轴		100	安装前涂抹	

序号	润滑部位	润滑剂	润滑周期(h)	润滑方式	备注
5	行走台车轴套、行走轮轴承、卷筒链条	钙剂润滑脂 冬 ZG-2 夏 ZG-5	50	涂抹	
6	回转支承上、下座圈滚道		300	加注	高级保养时拆检加注
7	起升、变幅机构定、动滑轮，各导向轮		200	加注	
8	滑动轴承		160	加注	每半年清除一次
9	吊钩止推轴承、卷筒轴承、行走小车轴承		300	加注	
10	液压缸球铰支座、塔吊基础节斜撑支座、起重臂与塔身铰点		1000	加注	安装时涂抹
11	制动器各铰点、夹轨器	机械油 HJ-20	50	加注	
12	液力联轴器	汽轮机油 HU-22	200 1000	添加 换油	
13	液力推杆制动器	冬变压器油 DG-10 夏机械油 HJ-20	100	添加	
14	液压顶升泵站油箱	冬 N32 号抗磨液压油	200	顶升或降节	清洗换油
		夏 N16 号抗磨液压油	2000	前检查添加	

3.2.5　主要零部件及易损件的报废标准

1. 制动器

制动器零件有下列情况之一的应予以报废：

（1）可见裂纹；

（2）制动块摩擦衬垫磨损量达原材料厚度的 50%；

（3）制动轮表面磨损量达 1.5～2mm；

（4）弹簧出现塑性变形；

（5）电磁铁杠杆系统空行程超过其额定行程约 10%。

2. 卷筒和滑轮

卷筒和滑轮有下列情况之一的应予报废：

（1）裂纹或轮缘破损；

（2）卷筒壁磨损量达原壁厚的10％；

（3）滑轮绳槽壁厚磨损量达原壁厚的20％；

（4）滑轮槽底的磨损量超过相应钢丝绳直径的25％。

3. 吊钩

吊钩禁止补焊，有下列情况之一的应予报废：

（1）用20倍放大镜观察表面有裂纹及破口；

（2）钩尾和螺纹部分等危险断面及钩筋有永久性变形；

（3）挂绳处断面磨损量超过原高的10％；

（4）心轴磨损量超过其直径的5％；

（5）开口度比原尺寸增加15％。

4. 车轮有下列情况之一的，应予报废：

（1）可见裂纹；

（2）车轮踏面厚度磨损量达原厚度的15％；

（3）车轮轮缘厚度磨损量达原厚度的50％。

5. 钢丝绳

钢丝绳在使用过程中超过《起重机钢丝绳保养、维护、安装、检验和报废》GB/T 5972—2016要求时，应予更换。钢丝绳存在下列缺陷时应予报废：

（1）断丝

（2）直径减小

（3）断股

（4）腐蚀

（5）畸形和损伤

1）波浪形

2）笼状畸形

3）绳芯或绳股突出或扭曲

4）钢丝的环状突出

5）绳径局部增大

6）局部扁平

7）扭结

8）折弯

9）热和电弧引起的损伤

钢丝绳可能出现的缺陷见图 3-35～图 3-50。

图 3-35 钢丝突出

图 3-36 单层钢丝绳绳芯挤出

图 3-37 直径局部减小

图 3-38 钢丝绳突出或扭曲

图 3-39 局部扁平

图 3-40　正向扭结

图 3-41　反向扭结

图 3-42　波浪形

图 3-43　笼状畸形

图 3-44　外部磨损

图 3-45　外部腐蚀

图 3-46　股顶断丝

图 3-47　股沟断丝

图 3-48　内绳突出

图 3-49　局部直径增大

图 3-50　扭结

3.3　塔式起重机故障的判断与处置

　　塔式起重机是一种常见的建筑起重机械，具有高效性和危险性，在作业过程中，塔式起重机经常会发生一些故障，发生故障的原因有很多，主要是因为塔式起重机作业环境恶劣、维护保养不及时、操作人员违章作业、零部件的自然磨损等多方面原因。发生故障后，作业人员应立即停止操作，及时向有关部门报告，由专业维修人员前来排查故障，及时处理，消除隐患，否则会影响正常施工，甚至会导致安全事故的发生。

　　塔式起重机常见的故障一般分为机械故障和电气故障两大

类，由于机械零部件磨损、变形、裂伤、锈蚀、松旷、断裂、卡塞、润滑不良以及相对位置不准确而造成机械系统不能正常运行，统称为机械故障。由于电气线路、元器件、接触器、电气设备、变频器以及电源系统等发生故障，造成用电系统不能正常运行，统称为电气故障。机械故障一般比较明显、直观、容易判断，在塔式起重机运行中，比较常见；电气故障相对来说比较少，有的故障比较直观，容易判断，有的故障比较隐蔽，难以判断。

3.3.1 机械故障的判断与处置

塔式起重机机械故障的判断和处置方法按照其工作机构、液压系统、金属结构和主要零部件分类叙述。

1. 工作机构

包括：起升机构、回转机构、变幅机构、行走机构。

（1）起升机构

起升机构故障的判断和处置方法见表 3-15。

起升机构故障的判断和处置方法	表 3-15

名称	故障现象	故障原因		处置办法
吊钩	吊物下滑（溜钩）	离合器片破损		更换离合器片
		起重电机缺相		修复
		制动器防雨罩损坏,进水打滑		修复防雨罩
制动器	制动器打不开	闸瓦式	制动器液压泵电动机损坏	更换电动机
			制动器液压泵电动机缺相	检查修复
			制动器液压泵损坏	更换液压泵
			制动器液压推杆锈蚀	除锈蚀
			机构间隙调整不当	调整间隙
			制动器液压泵油液变质	更换新油
		盘式	间隙调整不当	调整间隙
			刹车线圈电压不正常	检查线路电压
			离合器片破损	更换离合器片
			刹车线圈损坏或烧毁	更换线圈
			电路故障	检查修复
减速器	温度过高	润滑油过量或太少		适当增减油量
	轴承温度过高	润滑油过量或太少		适当增减油量
		润滑油质量差		更换润滑油
		轴承轴向间隙不符合要求或轴承已损坏		调整轴承间隙或更换轴承
		连接部位贴合面密合性差;		更换密封圈

回转机构故障的判断和处置方法　　　表 3-16

名称	故障现象	故障原因	处置办法
回转电动机	有异响回转无力	液力耦合器漏油或油量不足	检查安全易熔塞是否熔化，橡胶密封件是否老化等按规定填充油液
		液力耦合器失效	更换液力耦合器
		减速机齿轮或轴承破损	更换损坏齿轮或轴承
		液力耦合器与电动机连接胶垫破损	更换胶垫
		电动机故障	排除电气故障
回转支撑	有异响	大齿圈润滑不良	加油润滑
		大齿圈与小齿轮啮合间隙不当	调整间隙
		滚动体或隔离块损坏	更换损坏部件
		滚道面点蚀、剥落	修整滚道
		高强度螺栓预紧力不一致，差别不大	调整预紧力
回转机构	臂架和塔身扭摆严重	减速器故障	检修减速器
		液力耦合器充油量过大	按说明书加注
		齿轮啮合或回转支承不良	修整
		标准节螺栓松动	紧固螺栓
	启动不了	异物卡在齿轮处	清除异物

变幅机构故障的判断和处置方法　　　表 3-17

名称	故障现象	故障原因	处置办法
变幅小车	滑行和抖动	钢丝绳未张紧	重新适度张紧
		滚轮轴承润滑不好,运动偏心	修复
		轴承损坏	更换
		制动器失效	经常加以检查,修复更换
		联轴器连接不良	调整、更换
		电动机故障	排除电气故障
		边靠轮轴承润滑不好,运动偏心	修复
	幅度过短	钢丝绳过短	更换长钢丝绳
		变幅限位调整过短	调整变幅限位
	制动失灵	制动力矩过小	调整或更换制动器弹簧
		刹车片磨损间隙过大	更换刹车片
		励磁,电压不足	修复

（4）行走机构

行走机构故障的判断和处置方法见表 3-18。

行走机构故障的判断和处置方法　　　　表 3-18

液压机构故障的判断和处置方法　　　表 3-19

名称	故障现象	故 障 原 因	处 置 办 法
顶升系统	顶升时颤动及噪声大	液压系统中混有空气	排气
		油泵吸空	加油
		机械机构,液压缸零件配合过紧	检修,更换
		系统中内漏油或油封损坏	检修或更换油封
		液压油变质	更换液压油
		滤油器堵塞	清洗滤油器
		油路连接错误	正确连接油管
	顶升缓慢	单向阀流量调整不当或失灵	调整检修或更换
		油箱液位低	加油
		液压泵内漏	检修
		手动换向阀换向不到位	检修,更换
		手动换向阀阀杆与阀孔磨损严重	检修,更换
		液压缸泄露	检修,更换密封圈或油封
		液压管路泄露	检修,更换
		油温过高	停止作业,冷却系统
		油液杂质较多,滤油网堵塞,影响吸油	清洗滤网,清洁液压油或更换新油
		油泵磨损、效率下降	修复或更换损坏件
	顶升无力或不能顶升	油箱存油过低	加油
		液压泵反转或效率下降	调整,检修
		溢流阀卡死或弹簧断裂	检修,更换
		手动换向阀换向不到位	检修,更换
		油管破损或漏油	检修,更换
		溢流阀调整压力过低	调整溢流阀
		液压油进水或变质	更换液压油
		液压系统排气不完全	排气
		其他机构干涉	检查,排除
	顶升系统不工作	电机接线错误使油泵转向不对	改变电机旋向

名称	故障现象	故 障 原 因	处 置 办 法
液压缸	带载后液压缸下降	双向液压锁或节流阀不工作	检修,更换
		液压缸泄露	检修,更换密封圈
		管路或接头漏油	检查,排除,更换
	带载后液压缸停止升降	双向液压锁或节流阀不工作	检修,更换
		与其他机械机构有挂、卡现象	检查,排除
		手动液控阀或溢流阀损坏	检修,更换

3. 金属结构

金属结构故障的判断和处置方法见表 3-20。

金属结构故障的判断和处置方法   表 3-20

名称	故障现象	故 障 原 因	处 置 办 法
焊缝和母材	焊缝和母材开裂	超载严重,工作过于频繁产生比较大的疲劳应力,焊接不当或钢材存在缺陷等	严禁超负荷运行,经常检查焊缝,更换损坏的结构件
结构件	构件变形	冻胀破坏,运输吊装时发生碰撞,安装拆卸方法不当	要经过校正后才能使用,但对受力结构件,禁止校正,必须更换
高强度螺栓	连接松动	预紧力不够	定期检查,紧固
	螺帽开裂	强度不够,使用时间过长疲劳应力	更换高强度螺栓
	锈蚀严重	转场保养未保养	更换高强度螺栓
销轴	销轴退出脱落	开口销缺失或未打开	添加开口销或打开
		销轴锁片固定螺丝脱落缺失	添加固定螺丝

4. 钢丝绳、滑轮、吊钩

钢丝绳、滑轮、吊钩故障的判断和处置方法见表 3-21。

钢丝绳、滑轮故障的判断和处置方法   表 3-21

名称	故障现象	故 障 原 因	处 置 办 法
钢丝绳	磨损过快	钢丝绳滑轮磨损严重或无法转动	更换轴承或滑轮
		滑轮绳槽与钢丝绳直径不符	调整使之匹配
		钢丝绳穿绕不正确,啃绳	重新穿绕,调整钢丝绳

名称	故障现象	故 障 原 因	处 置 办 法
钢丝绳	磨损过快	斜吊造成钢丝绳与卷筒外壳之间的磨损	严禁斜吊
		与结构件有摩擦	调整
	经常脱槽	滑轮偏斜或移位	调整滑轮安装位置
		钢丝绳与滑轮不匹配	更换合适的钢丝绳或滑轮
		防脱装置不起作用	检修钢丝绳防脱装置
		操作不当	按操作规范操作
	乱绳变形	斜吊、排绳轮作用失效	严禁斜吊,更换排绳轮
		无排绳轮,缠绕乱绳时,钢丝绳进入卷筒端部缝隙中被挤压变形	安装排绳轮
滑轮	转不动	滑轮缺少润滑,轴承损坏	保持润滑,更换损坏轴承
	倾斜	轴承磨损	更换轴承
	磨损过快	安装不符合要求	正确安装
		材质有缺陷	更换滑轮
	滑轮槽磨损不均匀	材质不均匀,安装不符合要求,绳与轮接触不均匀	重新安装或修复或更换
吊钩	尾部螺纹及退刀槽、钩头表面出现裂纹	超期使用、超载使用、材质有缺陷	更换吊钩
	钩口部位和弯曲部位有永久变形	超载使用,疲劳所致	更换吊钩
	吊钩防脱装置失效	损坏,变形	更换吊钩防脱装置

3.3.2　电气故障的判断与处置

1. 塔式起重机电气系统故障的判断和处置方法（表 3-22）

电气系统故障的判断和处置方法　　　　表 3-22

名称	故障现象	故 障 原 因	处 置 办 法
电动机	不运转	缺相	查明原因

名称	故障现象	故 障 原 因	处 置 办 法
电动机	不运转	过电流继电器动作	查明原因,调整过电流整定值,复位
		空气断路器动作	查明原因,复位
		定子回路断路	更换电阻或定子
		转子回路断路	更换电阻或转子
		转子与定子之间无间隙	查明原因,修复
		转子与轴之间松动	更换转子
		操作台微动开关失效	查明原因,更换
	有异响	相间轻微断路或转子回路缺相	查明原因,正确接线
		电动机轴承破损	更换轴承
		转子回路的串接电阻断开、接地	更换或修复电阻
		转子碳刷接触不良	更换碳刷
	温升过高	电动机转子回路有轻微短路故障	测量转子回路电流是否平衡,检查和调整电气控制系统
		电源电压低于额定值	暂停使用
		电动机冷却风扇失效	修复风扇
		电动机通风不良	改善通风条件
		电动机转子缺相运行	查明原因,接好电源
		定子、转子、间隙过小	调整定子、转子间隙
		电动机超负荷运行	调整工作状态,禁止超负荷运行
		电压过高	调整电压
		电动机接线错误	调整线路
	烧毁	操作不当,低速运行时间较长	缩短低速运行时间
		电动机修理次数过多,造成电动机定子铁芯损坏	予以报废
		绕线式电动机转子串联电阻断路、短路、接地,造成转子烧毁	修复串联电阻
		电压过高或过低	检查供电电压
		转子运转失衡,碰擦定子(扫膛)	更换转子轴承或修复轴承室

名称	故障现象	故 障 原 因	处 置 办 法
电动机	烧毁	主回路电气元件损坏或线路短路、断路	检查修复
	输出功率不足	线路电压过低	暂停工作
		电动机缺相	查明原因,正确接线
		制动器没有完全松开	调整制动器
		转子回路断路、短路、接地	检修转子回路
		电动机接线错误	检查,修复
主接触器	按下启动按钮,主接触器不吸合	工作电源未接通	检查塔式起重机电源开关,接通
		电压过低	暂停工作
		过电流继电器辅助触头断开	查明原因,复位
		主接触器线圈烧坏	更换主接触器
		操作手柄不在零位	将操作手柄归零
		主启动控制线路断路	排查主启动控制线路
		启动按钮损坏	更换启动按钮
		错相或断相	修复
		相序保护器损坏	更换相序保护器
		急停按钮未复位	复位
接触器	接触器噪声大	衔铁芯表面积尘	清除表面污物
		短路环损坏	更换修复
		主触点接触不良	修复或更换
		电源电压较低,吸力不足	测量电压,暂停工作
吊钩	吊钩只下降不上升	起重量、高度、力矩限位误动作	更换、修复或重新调整各限位装置
		起升控制线路断路	排查起升控制线路
		上升接触器缺相	查明线路或更换接触器
		下降接触器不释放	更换接触器
	吊钩只上升不下降	下降控制线路断路	排查下降控制线路
		下降接触器缺相	查明线路或更换接触器
		上升接触器不释放	更换接触器

名称	故障现象	故 障 原 因	处 置 办 法
回转机构	回转只朝同一方向动作	回转限位误动作	重新调整回转限位
		回转线路断路	排查回转线路
		控制接触器失效	更换接触器
变幅机构	变幅机构不动作或只有1个方向	力矩、变幅限位误动作	更换、修复或重新调整各限位装置
		制动器未打开	查明原因
		控制接触器失效	更换接触器
		变幅供电回路缺相	查明原因
电铃、蜂鸣器	不响	线路故障	修复线路
		电铃、蜂鸣器损坏	更换电铃、蜂鸣器
		操作按钮损坏	更换操作按钮
		电源故障	检查修复
漏电保护器	塔式起重机经常跳闸	漏电保护器误动作	检查漏电保护器
		工作电源电压不稳定	测量电压,暂停工作
		漏电保护器漏电动作电流选择错误	更换漏电保护器

2. 塔式起重机变频器故障的判断和处置方法（表3-23）

变频器故障的判断和处置方法 表 3-23

名称	故障现象	故 障 原 因	处 置 办 法
变频器	加速过电流	电机参数未学习	电机参数学习
		负载太大	减轻突加负载
	减速过电流	电机参数未学习	电机参数学习
		减速曲线太陡	调整曲线参数
		主回路接地或短路	排除接线及外部问题
	加速过电压	电源电压过高	调整输入电压
		制动单元故障	更换制动单元
		制动电阻偏大	检查或更换制动电阻
	减速过电压	减速时间太短	调整减速时间
		制动单位故障	更换制动单元
		制动电阻对地或阻值偏大	检查制动电阻或更换

名称	故障现象	故 障 原 因	处 置 办 法
变频器	电机过载	刹车没有打开	检查刹车装置和抱闸回路
		负载侧有堵转现象	检查减速机构部分
	编码器故障	编码器接线太长	尽量缩短接线
		附近有高频干扰	用屏蔽线
		编码器电源故障	检查编码器电源

3.4 塔式起重机安装、拆卸事故

3.4.1 塔式起重机安装、拆卸事故类型及主要原因

塔式起重机安装、拆卸事故是指塔式起重机安装、顶升、拆卸过程中，发生的塔式起重机的倾翻事故及断（折）臂事故。

（1）倾翻事故，指塔身整体倾倒或塔式起重机起重臂、平衡臂和塔帽等倾翻坠落的事故；

（2）断（折）臂事故，指塔式起重机起重臂或平衡臂折弯、严重变形或断裂等事故。

此外，在塔式起重机安装、顶升和拆卸过程中，还经常发生作业人员高处坠落事故，工具、零部件坠落发生物体打击的事故，作业人员触电事故，起吊构件时发生碰撞、挤压的起重伤害事故等。

从近年来发生的塔式起重机事故情况分析，塔式起重机安装、拆卸事故主要有以下原因：

（1）拆装作业人员违章作业，不按塔式起重机使用说明书中先后顺序要求进行拆装，作业中未按要求安装、紧固连接螺栓等。

（2）指挥不当或盲目指挥，造成作业人员间配合失误、提前动作等。

（3）拆装单位无资质或超越资质范围承揽拆装业务。

（4）拆装人员缺乏专业知识及技能，作业队伍临时拼凑，甚至无证上岗。

（5）拆装单位不编制拆装方案，或编制的拆装方案无针对性，缺少重要的技术参数，应计算校核的技术参数未进行计算校核，致使技术参数不符合拆装要求。

（6）作业人员未接受安全技术交底或交底无针对性。

（7）未按规定对塔机进行拆装前检查，造成塔机"带病"拆装。

（8）选用起重量达不到要求的辅助起重设备，使用不合格的吊具、索具等。施工现场作业环境、辅助起重设备进出道路和作业场所的地基承载力不符合要求。

3.4.2 塔式起重机安装、拆卸事故的预防措施

近年发生的塔式起重机相关事故中，塔式起重机安装、拆卸过程中发生的事故占到较大比例。制定相应措施，防止和减少塔式起重机拆装过程中的事故非常必要。

（1）加强塔式起重机拆装队伍和人员管理

1）塔式起重机的安装、拆卸必须由具备相应起重设备安装工程专业承包资质、取得安全生产许可证的单位实施；

2）拆装作业人员应相对固定，安装拆卸工、塔式起重机司机、起重信号司索工等特种作业人员应配齐，并持有效《建筑施工特种作业操作资格证书》上岗；

3）拆装作业人员应具备较强安全意识。作业中，要遵守纪律、服从指挥、配合默契，严格遵守操作规程；

4）配备齐全、性能可靠且符合要求的辅助起重设备、机具；

5）合理规划施工工序，准备好符合要求的作业环境。

（2）加强技术管理

1）塔式起重机在安装拆卸前，必须制定符合实际具有针对

性的专项施工方案，并按照规定程序进行审核审批。

2）对拆装作业人员进行详细的具有针对性的安全技术交底，作业时安装单位的专业技术人员、专职安全生产管理人员应当进行现场监督，监理单位监督安装单位执行建筑起重机械安装、拆卸工程专项施工方案情况，确保施工方案得到安全、有效实施。

3）技术人员应根据工程实际情况和设备性能状况对塔式起重机拆装各工种进行安全技术交底。

4）严格履行安装前检查职责，及时发现安全隐患并予以整改。

3.4.3 塔式起重机安装、拆卸过程中紧急情况的处置

（1）突遇停电应急处置措施

塔式起重机升（降）塔作业过程中爬升套架被顶空时，如突遇停电，应立即将油泵断电，然后采用预先准备好的两块锲铁将回转机构输出小齿轮与回转支承大齿轮之间的两侧侧隙牢固锲住，防止起重臂旋转导致塔机套架以上部份结构重心偏移，进而导致塔机倾斜或倒塌，同时立即联系送电。以上安全措施做好后立即撤离塔机，待通电稳定后再继续作业。

（2）突遇阵风应急处置措施

风力超过4级及以上时严禁升（降）塔作业。若塔机在升塔或降塔作业过程中爬升套架被顶空时突遇阵风，应立即采取预先准备好的两块锲铁，将回转机构输出小齿轮与回转支承大齿轮之间的两侧侧隙牢固锲住，条件允许情况下可将起重臂尖部、平衡臂尾部、塔帽顶部用缆绳与建筑物固接起来，防止风吹动起重臂旋转使塔机上部结构失去平衡，进而导致塔机倾斜或倒塌。

（3）突遇顶升油缸密封圈泄漏、液压泵站、液压阀故障应急处置措施

塔机在升（降）塔作业时，如突遇油缸密封圈泄漏、液压泵

站、液压阀故障等情况时，应立即将顶升踏步支撑块或撑杆迅速安放于最近的标准节踏步凹槽内，并将回转输出小齿轮与回转支承大齿轮之间的两侧侧隙用预先准备好的两块锲铁牢固锲住，然后逐一排除顶升油缸、液压泵站故障。

3.4.4 塔式起重机安装、拆卸事故案例及分析

1. 违反安装程序导致塔式起重机倾翻事故

（1）事故经过

某施工现场开始进行 QTZ63 塔式起重机的安装。塔身升高到 12m，开始安装平衡臂及配重。4 名安装工在平衡臂尾端作业，第 2 块配重刚安装完毕，当准备安装第 3 块配重时，该塔式起重机突然从回转机构与顶升套架连接处折断，塔顶、平衡臂、配重、拉杆及 4 名安装工同时坠落，造成 2 名安装工当场死亡，另外 2 名安装工重伤，设备损坏。

（2）事故原因

这是一起典型的违反操作程序，酿成的生产安全事故。经事故调查组勘查分析，事故发生的主要原因是：

① 严重违反安装程序

按照该塔式起重机的安装程序，必须用 16 套 M18 螺栓将下支座与顶升套架连接好，再用 8 套 M30 高强度螺栓将下支座与标准节连接好后，才能吊装平衡臂、起重臂及配重。而事故发生时，该塔式起重机处于顶升状态，下支座与标准节之间没有用 M30 高强度螺栓连接上，从平衡臂传来的倾翻力矩全部集中在连接下支座与顶升套架的 16 套 M18 非高强度螺栓上。

按照该塔式起重机的安装程序，吊装配重应在安装好平衡臂和起重臂后才能进行。而事故发生时，起重臂尚未安装，就开始吊装配重。这样，配重对塔身产生了巨大的倾翻力矩，使得连接下支座与顶升套架的 16 套 M18 螺栓承受着很大的轴向拉力。由于连接下支座与顶升套架的 16 套 M18 非高强度螺栓承受着由平衡臂和配重传来的巨大轴向拉力，并达到了其破坏强度，导致这

些螺栓中有的螺栓螺纹被扫平，有的螺栓被拉断，继而引起该塔式起重机下支座以上部分坠落。

② 安装单位无资质、安装人员无证上岗

该塔式起重机的安装单位没有取得起重机械安装专业承包资质，安装人员没有特种作业人员操作资格证书。

③ 未履行安装告知手续

该塔式起重机没有按照《建筑起重机械管理规定》（建设部令第166号）有关规定到工程所在地建设主管部门备案，属于严重违规安装。

（3）预防措施

① 严格按照施工方案确定的安装顺序进行安装。

② 严格塔式起重机安装队伍管理，严禁拆装单位无资质或超越资质范围承揽拆装业务，严禁拆装人员无证上岗。

③ 在施工现场使用的塔式起重机，应按照《建筑起重机械管理规定》到工程所在地建设主管部门办理登记手续；塔式起重机安装前告知工程所在地建设主管部门。

2. 基础节断裂导致塔式起重机倾覆事故

（1）事故经过

某工地一台QTZ40塔式起重机安装、使用一段时间后，司机感到该塔式起重机晃动严重，请维修人员检查原因，维修人员检查也未发现原因。当将塔式起重机回转时，突然倾倒在一旁建筑物上，所幸未造成人员伤亡。

（2）事故原因

① 塔式起重机混凝土基础预埋节擅自以普通标准节代用，且被预埋的标准节壁厚低于锚脚壁厚，使用中根部受力最大，根部标准节由裂纹发展到断裂，使标准节被拉断。

② 基础严重积水，以致标准节进一步腐蚀，并且不能及时发现裂缝。

（3）预防措施

① 塔式起重机预埋件必须使用说明书规定的预埋件，臂厚

不同应做好标记，防止错位。

② 塔式起重机的基础应有良好的排水系统。

③ 经常检查塔式起重机的安全状况。

3. 未履行手续、违规作业导致的塔机倾斜事故

（1）事故经过

2014 年某工地，施工作业人员在进行塔吊安装作业时，发生一起高处坠落事故。该塔吊在安装最后一节标准节时，安装高度约 30m。当作业人员操作液压油缸顶升塔吊时，塔吊回转承台以上部分瞬间快速向下坠落约 3m，产生剧烈震动。操作平台受震动后脱落，3 名在操作平台上的作业人员随操作平台坠地。造成 1 人当场死亡，2 人重伤。至当晚 7 时 30 分许，2 名重伤人员因伤势过重，经抢救无效先后死亡，直接经济损失约 340 万元。

（2）事故原因

塔式起重机顶升时，作业人员操作不当，未能使顶升横梁销轴完全就位于踏步内，且未将顶升套架四周的操作平台用螺栓连接为整体，致销轴滑出踏步，塔式起重机回转承台以上部分失去支撑，快速下落约 3m，强烈震动造成操作平台脱落坠地，引发事故。这是本起事故发生的直接原因。

塔吊安装承包人无塔吊安装资质承接塔吊安装作业，未按规定办理安装告知手续，且在塔吊安装作业前，未编制塔吊安装施工专项方案、未组织安全技术交底、未编制应急预案；在塔吊安装作业过程中，其本人未在现场管理，也未安排技术负责人在场巡查，致塔吊安装作业的安全完全失控。这是本起事故发生的主要原因。

（3）预防措施

① 作业前编制切实可行的安装技术方案，对拆装作业人员进行详细的具有针对性的安全技术交底。

② 塔式起重机的安装、拆卸必须由具备相应起重设备安装工程专业承包资质、取得安全生产许可证的单位实施，并严格履

行审批、告知手续。

③ 安装作业时安装单位的专业技术人员、专职安全生产管理人员进行现场监督，监理单位监督安装单位执行建筑起重机械安装、拆卸工程专项施工方案情况，确保施工方案得到安全、有效实施。

④ 严格按说明书要求及安全技术规程作业，不图取巧省事。

4. 发生故障后违规处理导致的塔机倾斜事故

（1）事故经过

2017年某公司擅自决定将QTZ250（C7032）的塔式起重机分散拆零后进入施工现场。在不具备安装此型号起重机资质情况下，该公司5人根据公司调度前去安装该塔机。在安装顶升过程中，因发现顶升油泵提升特别慢、压力不足，勉强顶完一个行程后，在保险到位、顶升横梁挂接到位的前提下进行检修。班组长贾某安排工人申某下去取工具和配件，并让常某（无建筑施工特种作业操作资格证）上机协助作业，随后贾某进入司机室，为更换液压泵站，违规操作旋转大臂，造成塔式起重机倾覆坍塌，造成3人死亡，2人受伤。

（2）事故原因

该公司班组长贾某在组织塔式起重机顶升作业过程中，违反《建筑施工塔式起重机安装、使用、拆卸安全技术规程》规定，在液压站出现故障后，擅自组织更换液压泵站。过程中，常某进入驾驶室违章操作并回转起重臂，致使塔身弯曲破坏，造成上部结构整体坍塌，是导致此次事故发生的直接原因。

该公司私自安装未办理特种设备安装拆除告知手续的起重机；购买伪造虚假资质手续，组织不具备相应资质等级的队伍施工作业；未编制有效的塔机安拆方案，对安装现场的安全管理和作业人员安全教育和培训不到位，致使公司员工在安装过程中违章指挥、违章操作。是导致此次事故发生的主要原因。

（3）预防措施

① 作业人员须持证上岗，并严守安全作业规程，正确指挥，按规定正确处理故障，不冒险作业；

② 作业前编制切实可行的安装技术方案，对拆装作业人员进行详细的具有针对性的安全技术交底；

② 塔式起重机的安装、拆卸必须由具备相应起重设备安装工程专业承包资质、取得安全生产许可证的单位实施，并严格履行审批、告知手续。

附录 A 《起重吊运指挥信号》
GB 5082—1985

引　言

为确保起重吊运安全，防止发生事故，适应科学管理的需要，特制订本标准。

本标准对现场指挥人员和起重机司机所使用的基本信号和有关安全技术作了统一规定。

本标准适用于以下类型的起重机械：

桥式起重机（包括冶金起重机）、门式起重机、装卸桥、缆索起重机、塔式起重机、门座起重机、汽车起重机、轮胎起重机、铁路起重机、履带起重机、浮式起重机、桅杆起重机、船用起重机等。

本标准不适用于矿井提升设备、载人电梯设备。

1　名词术语

通用手势信号——指各种类型的起重机在起重吊运中普遍适用的指挥手势。

专用手势信号——指具有特殊的起升、变幅、回转机构的起重机单独使用的指挥手势。

吊钩（包括吊环、电磁吸盘、抓斗等）——指空钩以及负有载荷的吊钩。

起重机"前进"或"后退"——"前进"指起重机向指挥人员开来；"后退"指起重机离开指挥人员。

前、后、左、右在指挥语言中，均以司机所在位置为基准。

音响符号：

"——"表示大于一秒钟的长声符号；

"●"表示小于一秒钟的短声符号；

"○"表示停顿的符号。

2 指挥人员使用的信号

2.1 手势信号

2.1.1 通用手势信号

2.1.1.1 "预备"（注意）

手臂伸直，置于头上方，五指自然伸开，手心朝前保持不动（图1）。

2.1.1.2 "要主钩"

单手自然握拳，置于头上，轻触头顶（图2）。

图1

图2

2.1.1.3 "要副钩"

一只手握拳，小臂向上不动，另一只手伸出，手心轻触前只手的肘关节（图3）。

2.1.1.4 "吊钩上升"

小臂向侧上方伸直，五指自然伸开，高于肩部，以腕部为轴转动（图4）。

图 3   图 4

2.1.1.5 "吊钩下降"

手臂伸向侧前下方，与身体夹角约为 $30°$，五指自然伸开，以腕部为轴转动（图 5）。

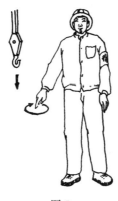

图 5

2.1.1.6 "吊钩水平移动"

小臂向侧上方伸直，五指并拢手心朝外，朝负载应运行的方向，向下挥动到与肩相平的位置（图 6）。

2.1.1.7 "吊钩微微上升"

小臂伸向侧前上方，手心朝上高于肩部，以腕部为轴，重复

图 6

向上摆动手掌（图7）。

2.1.1.8 "吊钩微微下落"

手臂伸向侧前下方，与身体夹角约为30°，手心朝下，以腕部为轴，重复向下摆动手掌（图8）。

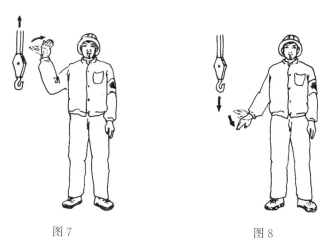

图 7   图 8

2.1.1.9 "吊钩水平微微移动"

小臂向侧上方自然伸出，五指并拢手心朝外，朝负载应运行的方向，重复做缓慢的水平运动（图9）。

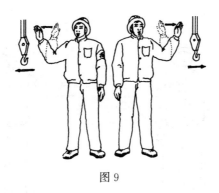

图 9

2.1.1.10 "微动范围"

双小臂曲起，伸向一侧，五指伸直，手心相对，其间距与负载所要移动的距离接近（图 10）。

2.1.1.11 "指示降落方位"

五指伸直，指出负载应降落的位置（图 11）。

图 10

图 11

2.1.1.12 "停止"

小臂水平置于胸前，五指伸开，手心朝下，水平挥向一侧（图 12）。

2.1.1.13 "紧急停止"

两小臂水平置于胸前，五指伸开，手心朝下，同时水平挥向两侧（图13）。

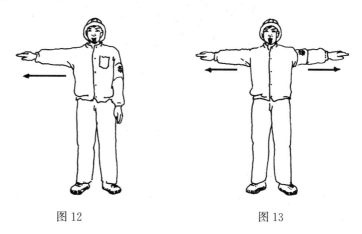

图12   图13

2.1.1.14 "工作结束"

双手五指伸开，在额前交叉（图14）。

图14

2.1.2 专用手势信号

2.1.2.1 "升臂"

手臂向一侧水平伸直，拇指朝上，余指握拢，小臂向上摆动（图15）。

2.1.2.2 "降臂"

手臂向一侧水平伸直，拇指朝下，余指握拢，小臂向下摆动（图16）。

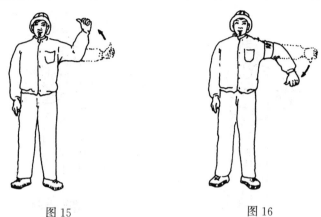

图15   图16

2.1.2.3 "转臂"手臂水平伸直，指向应转臂的方向，拇指伸出，余指握拢，以腕部为轴转动（图17）。

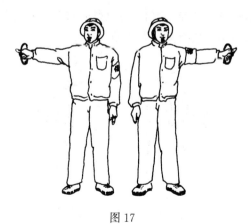

图17

2.1.2.4 "微微伸臂"

一只小臂置于胸前一侧，五指伸直，手心朝下，保寺不动。另一手的拇指对着前手手心，余指握拢，做上下移动（图18）。

2.1.2.5　"微微降臂"

一只小臂置于胸前的一侧，五指伸直，手心朝上，保持不动，另一只手的拇指对着前手心，余指握拢，做上下移动（图19）。

图18　　　　　　　　　　　　图19

2.1.2.6　"微微转臂"

一只小臂向前平伸，手心自然朝向内侧。另一只手的拇指指向前只手的手心，余指握拢做转动（图20）。

图20

2.1.2.7　"伸臂"

两手分别握拳，拳心朝上，拇指分别指向两则，做相斥运动。(图21)。

2.1.2.8 "缩臂"

两手分别握拳，拳心朝下，拇指对指，做相向运动（图22）。

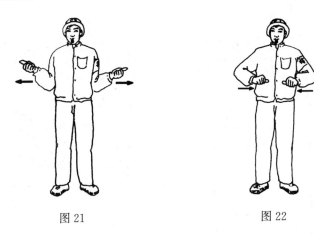

图21   图22

2.1.2.9 "履带起重机回转"

一只小臂水平前伸，五指自然伸出不动。另一只小臂在胸前作水平重复摆动（图23）。

图23

2.1.2.10 "起重机前进"

双手臂先后前平伸，然后小臂曲起，五指并拢，手心对着自己，做前后运动（图24）。

2.1.2.11 "起重机后退"

双小臂向上曲起，五指并拢，手心朝向起重机，做前后运动（图25）。

图24   图25

2.1.2.12 "抓取"（吸取）

两小臂分别置于侧前方，手心相对，由两侧向中间摆动（图26）。

2.1.2.13 "释放"

两小臂分别置于侧前方，手心朝外，两臂分别向两侧摆动（图27）。

2.1.2.14 "翻转"

一小臂向前曲起，手心朝上，另一小臂向前伸出，手心朝下，双手同时进行翻转（图28）。

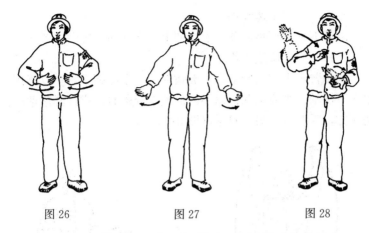

图 26 图 27 图 28

2.1.3 船用起重机（或双机吊运）专用的手势信号

2.1.3.1 "微速起钩"

两小臂水平伸出侧前方，五指伸开，手心朝上，以腕部为轴，向上摆动。当要求双机以不同的速度起升时，指挥起升速度快的一方，手要高于另一只手（图29）。

2.1.3.2 "慢速起钩"两小臂水平伸向前侧方，五指伸开，手心朝上，小臂以肘部为轴向上摆动。当要求双机以不同的速度起升时，指挥起升速度快的一方，手要高于另一只手（图30）。

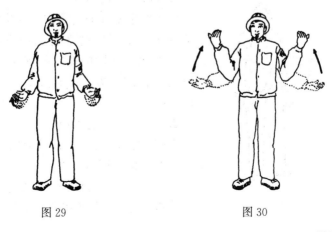

图 29 图 30

2.1.3.3 "全速起钩"

两臂下垂，五指伸开，手心朝上，全臂向上挥动（图31）。

2.1.3.4 "微速落钩"

两小臂水平伸向侧前方，五指伸开，手心朝下，手以腕部为轴向下摆动。当要求双机以不同的速度降落时，指挥降落速度快的一方，手要低于另一只手（图32）。

图31

图32

图33

2.1.3.5 "慢速落钩"

两小臂水平伸向前侧方，五指伸开，手心朝下，小臂以肘部为轴向下摆动。当要求双机以不同的速度降落时，指挥降落速度快的一方，手要低于另一只手（图33）。

2.1.3.6 "全速落钩"

两臂伸向侧上方，五指伸出，手心朝下，全臂向下挥动（图34）。

2.1.3.7 "一方停止，一方起钩"

指挥停止的手臂作"停止"手势；

指挥起钩的手臂侧作相应速度的起钩手势（图35）。

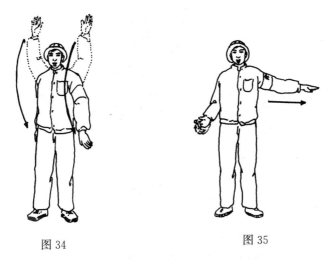

图34　　　　　　　　　　　图35

2.1.3.8　"一方停止，一方落钩"

指挥停止的手臂作"停止"手势，指挥落钩的手臂则作相应速度的落钩手势（图36）。

图36

2.2　旗语信号

2.2.1　"预备"

单手持红绿旗上举（图37）。

图 37

2.2.2 "要主钩"

单手持红绿旗,旗头轻触头顶(图38)。

2.2.3 "要副钩"

一只手握拳,小臂向上不动,另一只手拢红绿旗,旗头轻触前只手的肘关节(图39)。

图 38

图 39

2.2.4 "吊钩上升"

绿旗上举,红旗自然放下(图40)。

2.2.5 "吊钩下降"

绿旗拢起下指，红旗自然放下（图41）。

图40

图41

2.2.6 "吊钩微微上升"

绿旗上举，红旗拢起横在绿旗上，互相垂直（图42）。

2.2.7 "吊钩微微下降"

绿旗拢起下指，红旗横在绿旗下，互相垂直（图43）。

图42

图43

2.2.8 "升臂"

红旗上举，绿旗自然放下（图 44）

2.2.9 "降臂"

红旗拢起下指，绿旗自然放下（图 45）。

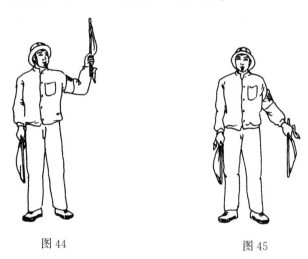

图 44   图 45

2.2.10 "转臂"

红旗拢起，水平指向应转臂的方向（图 46）。

图 46

2.2.11 "微微升臂"

红旗上举，绿旗拢起横在红旗上，互相垂直（图47）。

2.2.12 "微微降臂"

红旗拢起下指，绿旗横在红旗下，互相垂直（图48）。

图47   图48

2.2.13 "微微转臂"

红旗拢起，横在腹前，指向应转臂的方向；绿旗拢起，竖在红旗前，互相垂直（图49）。

图49

2.2.14 "伸臂"

两旗分别拢起，横在两侧，旗头外指（图 50）。

2.2.15 "缩臂"

两旗分别拢起，横在胸前，旗头对指（图 51）。

图 50

图 51

2.2.16 "微动范围"

两手分别拢旗，伸向一侧，其间距与负载所要移动的距离接近（图 52）。

2.2.17 "指示降落方位"

单手拢绿旗，指向负载应降落的位置，旗头进行转动（图 53）。

图 52

图 53

2.2.18 "履带起重机回转"

一只手拢旗，水平指向侧前方，另只手持旗，水平重复挥动（图54）。

图54

2.2.19 "起重机前进"

两旗分别拢起，向前上方伸出，旗头由前上方向后摆动（图55）。

2.2.20 "起重机后退"

两旗分别拢起，向前伸出，旗头由前方向下摆动（图56）。

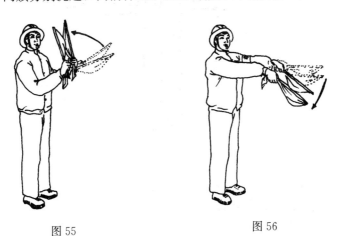

图55   图56

2.2.21 "停止"

单旗左右摆动，另一面旗自然放下（图57）。

图57

2.2.22 "紧急停止"

双手分别持旗，同时左右摆动（图58）。

图58

2.2.23 "工作结束"

两旗拢起，在额前交叉（图59）。

2.3 音响信号

2.3.1 "预备"、"停止"

一长声——

2.3.2 "上升"

二短声●●

2.3.3 "下降"

三短声●●●

2.3.4 "微动"

断续短声●○●○●○●

2.3.5 "紧急停止"

急促的长声___ ___ ___

2.4 起重吊运指挥语言

2.4.1 开始、停止工作的语言

图 59

起重机的状态	指挥语言
开始工作	开始
停止和紧急停止	停
工作结束	结束

2.4.2 吊钩移动语言

吊钩的移动	指挥语言
正常上升	上　升
微微上升	上升一点
正常下降	下　降
微微下降	下降一点
正常向前	向　前
微微向前	向前一点
正常向后	向　后
微微向后	向后一点
正常向右	向　右
微微向右	向右一点
正常向左	向　左
微微向左	向左一点

2.4.3 转台回转语言

转台的回转	指挥语言
正常右转	右　转
微微右转	右转一点
正常左转	左　转
微微左转	左转一点

2.4.4 臂架移动语言

臂架的移动	指挥语言
正常伸长	伸　长
微微伸长	伸长一点
正常缩回	缩　回
微微缩回	缩回一点
正常升臂	升　臂
微微升臂	升一点臂
正常降臂	降　臂
微微降臂	降一点臂

3 司机使用的音响信号

3.1 "明白"——服从指挥

一短声●

3.2 "重复"——请求重新发出信号

二短声●●

3.3 "注意"

长声————

4 信号的配合应用

4.1 指挥人员使用音响信号与手势或旗语信号的配合。

4.1.1 在发出 2.3.2 "上升" 音响时，可分别与 "吊钩上升"、"升臂"、"伸臂"、"抓取" 手势或旗语相配合。

4.1.2 在发出 2.3.3 "下降" 音响时，可分别与 "吊钩下降"、"降臂"、"缩臂"、"释放"手势或旗语相配合。

4.1.3 在发出 2.3.4"微动"音响时,可分别与"吊钩微微上升"、"吊钩微微下降"、"吊钩水平微微移动"、"微微升臂"、"微微降臂"手势或旗语相配合。

4.1.4 在发出 2.3.5"紧急停止"音响时,可与"紧急停止"手势或旗语相配合。

4.1.5 在发出 2.3.1 音响信号时,均可与上述未规定的手势或旗语相配合。

4.2 指挥人员与司机之间的配合

4.2.1 指挥人员发出"预备"信号时,要目视司机,司机接到信号在开始工作前,应回答"明白"信号。当指挥人员听到回答信号后,方可进行指挥。

4.2.2 指挥人员在发出"要主钩"、"要副钩"、"微动范围"手势或旗语时,要目视司机,同时可发出"预备"音响信号,司机接到信号后,要准确操作。

4.2.3 指挥人员在发出"工作结束"的手势或旗语时,要目视司机,同时可发出"停止"音响信号,司机接到信号后,应回答"明白"信号方可离开岗位。

4.2.4 指挥人员对起重机械要求微微移动时,可根据需要,重复给出信号。司机应按信号要求,缓慢平稳操纵设备。除此之外,如无特殊需求(如船用起重机专用手势信号),其他指挥信号,指挥人员都应一次性给出。司机在接到下一信号前,必须按原指挥信号要求操纵设备。

5 对指挥人员和司机的基本要求

5.1 对使用信号的基本规定

5.1.1 指挥人员使用手势信号均以本人的手心,手指或手臂表示吊钩、臂杆和机械位移的运动方向。

5.1.2 指挥人员使用旗语信号均以指挥旗的旗头表示吊钩、臂杆和机械位移的运动方向。

5.1.3 在同时指挥臂杆和吊钩时,指挥人员必须分别用左手指挥臂杆，右的指挥吊钩。当持旗指挥时，一般左手持红旗指挥臂杆，右手持绿旗指挥吊钩。

5.1.4 当两台或两台以上起重机同时在距离较近的工作区域内工作时，指挥人员使用音响信号的音调应有明显区别，并要配合手势或旗语指挥，严禁单独使用相同音调的音响指挥。

5.1.5 当两台或两台以上起重机同时在距离较近的工作区域内工作时，司机发出的音响应有明显区别。

5.1.6 指挥人员用"起重吊运指挥语言"指挥时，应讲普通话。

5.2 指挥人员的职责及其要求：

5.2.1 指挥人员应根据本标准的信号要求与起重机司机进行联系。

5.2.2 指挥人员发出的指挥信号必须清晰。准确。

5.2.3 指挥人员应站在使司机看清指挥信号的安全位置上。当跟随负载运行指挥时，应随时指挥负载避开人员和障碍物。

5.2.4 指挥人员不能同时看清司机和负载时。必须增设中间指挥人员以便逐级传递信号，当发现错传信号时，应立即发出停止信号。

5.2.5 负载降落前．指挥人员必须确认降落区域安全时，方可发出降落信号。

5.2.6 当多人绑挂同一负载时，起吊前，应先作好呼唤应答，确认绑挂无误后，方可由一人负责指挥。

5.2.7 同时用两台起重机吊运同一负载时，指挥人员应双手分别指挥各台起重机，以确保同步吊运。

5.2.8 在开始起吊负载时，应先用"微动"信号指挥。待负载离开地面 100～200mm 稳妥后，再用正常速度指挥。必要时。在负载降落前，也应使用"微动"信号指挥。

5.2.9 指挥人员应佩戴鲜明的标志，如标有"指挥"字样的臂章、特殊颜色的安全帽、工作服等。

5.2.10 指挥人员所戴手套的手心和手背要易于辨别。

5.3 起重机司机的职责及其要求

5.3.1 司机必须听从指挥人员的指挥，当指挥信号不明时，司机应发出"重复"信号询问，明确指挥意图后，方可开车。

5.3.2 司机必须熟练掌握标准规定的通用手势信号和有关的各种指挥信号，并与指挥人员密切配合。

5.3.3 当指挥人员所发信号违反本标准的规定时，司机有权拒绝执行。

5.3.4 司机在开车前必须鸣铃示警，必要时，在吊运中也要鸣铃，通知受负载威胁的地面人员撤离。

5.3.5 在吊运过程中，司机对任何人发出的"紧急停止"信号都应服从。

6 管理方面的有关规定

6.1 对起重机司机和指挥人员，必须由有关部门进行本标准的安全技术培训，经考试合格，取得合格证后方能操作或指挥。

6.2 音响信号是手势信号或旗语的辅助信号，使用单位可根据工作需要确定是否采用。

6.3 指挥旗颜色为红、绿色。应采用不易褪色、不易产生褶皱的材料。其规定：面幅应为 400×500mm，旗杆直径应为 25mm，旗杆长度应为 500mm。

6.4 本标准所规定的指挥信号是各类起重机使用的基本信号。如不能满足需要，使用单位可根据具体情况，适当增补，但增补的信号不得与本标准有抵触。

附加说明：
本标准由中华人民共和国劳动人事部提出。
本标准由辽宁省劳动保护科学研究所负责起草。
本标准主要起草人席振生。

附录 B 建筑起重机械安装拆卸工 (塔式起重机) 安全技术考核大纲 (试行)

8.1 安全技术理论

8.1.1 安全生产基本知识

1 了解建筑安全生产法律法规和规章制度

2 熟悉有关特种作业人员的管理制度

3 掌握从业人员的权利义务和法律责任

4 掌握高处作业安全知识

5 掌握安全防护用品的使用

6 熟悉安全标志、安全色的基本知识

7 了解施工现场消防知识

8 了解现场急救知识

9 熟悉施工现场安全用电基本知识

8.1.2 专业基础知识

1 熟悉力学基本知识

2 了解电工基础知识

3 熟悉机械基础知识

4 熟悉液压传动知识

5 了解钢结构基础知识

6 熟悉起重吊装基本知识

8.1.3 专业技术理论

1 了解塔式起重机的分类

2 掌握塔式起重机的基本技术参数

3 掌握塔式起重机的基本构造和工作原理

4 熟悉塔式起重机基础、附着及塔式起重机稳定性知识

5　了解塔式起重机总装配图及电气控制原理知识

6　熟悉塔式起重机安全防护装置的构造和工作原理

7　掌握塔式起重机安装、拆卸的程序、方法

8　掌握塔式起重机调试和常见故障的判断与处置

9　掌握塔式起重机安装自检的内容和方法

10　了解塔式起重机的维护保养的基本知识

11　掌握塔式起重机主要零部件及易损件的报废标准

12　掌握塔式起重机安装、拆除的安全操作规程

13　了解塔式起重机安装、拆卸常见事故原因及处置方法

14　熟悉《起重吊运指挥信号》(GB 5082) 内容

8.2　安全操作技能

8.2.1　掌握塔式起重机安装、拆卸前的检查和准备

8.2.2　掌握塔式起重机安装、拆卸的程序、方法和注意事项

8.2.3　掌握塔式起重机调试和常见故障的判断

8.2.4　掌握塔式起重机吊钩、滑轮、钢丝绳和制动器的报废标准

8.2.5　掌握紧急情况处置方法

附录 C 建筑起重机械安装拆卸工（塔式起重机）安全操作技能考核标准（试行）

1 塔式起重机的安装、拆卸

1.1 考核设备和器具

1. QTZ 型塔机一台（5 节以上标准节），也可用模拟机；

2. 辅助起重设备一台；

3. 专用扳手一套，吊、索具长、短各一套，铁锤 2 把，相应的卸扣 6 个；

4. 水平仪、经纬仪、万用表、拉力器、30 米长卷尺、计时器；

5. 个人安全防护用品。

1.2 考核方法

每 6 位考生一组，在实际操作前口述安装或顶升全过程的程序及要领，在辅助起重设备的配合下，完成以下作业：

A 塔式起重机起重臂、平衡臂部件的安装

安装顺序：安装底座→安装基础节→安装回转支承→安装塔帽→安装平衡臂及起升机构→安装 1~2 块平衡重（按使用说明书要求）→安装起重臂→安装剩余平衡重→穿绕起重钢丝绳→接通电源→调试→安装后自验。

B 塔式起重机顶升加节

顶升顺序：连接回转下支承与外套架→检查液压系统→找准顶升平衡点→顶升前锁定回转机构→调整外套架导向轮与标准节间隙→搁置顶升套架的爬爪、标准节踏步与顶升横梁→拆除回转下支承与标准节连接螺栓→顶升开始→拧紧连接螺栓或插入销轴（一般要有 2 个顶升行程才能加入标准节）→加节完毕后油缸复

原→拆除顶升液压线路及电气。

1.3 考核时间：120min。具体可根据实际考核情况调整。

1.4 考核评分标准

A 塔式起重机起重臂、平衡臂部件的安装

满分70分。考核评分标准见表C-1，考核得分即为每个人得分，各项目所扣分数总和不得超过该项应得分值。

考核评分标准　　　　　表C-1

序号	扣 分 标 准	应得分值
1	未对器具和吊索具进行检查的，扣5分	5
2	底座安装前未对基础进行找平的，扣5分	5
3	吊点位置确定不正确的，扣10分	10
4	构件连接螺栓未拧紧，或销轴固定不正确的，每处扣2分	10
5	安装3节标准节时未用（或不会使用）经纬仪测量垂直度的，扣5分	5
6	吊装外套架索具使用不当的，扣4分	4
7	平衡臂、起重臂、配重安装顺序不正确的，每次扣5分	10
8	穿绕钢丝绳及端部固定不正确的，每处扣2分	6
9	制动器未调整或调整不正确的，扣5分	5
10	安全装置未调试的，每处扣5分；调试精度达不到要求的，每处扣2分	10
	合　计	70

B 塔式起重机顶升加节

满分70分。考核评分标准见表C-2，考核得分即为每个人得分，各项目所扣分数总和不得超过该项应得分值。

考核评分标准　　　　　表C-2

序号	扣 分 标 准	应得分值
1	构件连接螺栓未紧固或未按顺序进行紧固的，每处扣2分	10
2	顶升作业前未检查液压系统工作性能的，扣10分	10
3	顶升前未按规定找平衡的，每次扣5分	10

序号	扣 分 标 准	应得分值
4	顶升前未锁定回转机构的,扣5分	5
5	未能正确调整外套架导向轮与标准节主弦杆间隙的,每处扣5分	15
6	顶升作业未按顺序进行的,每次扣10分	20
	合计	70

说明:

1. 本考题分 A、B 两个题,即塔式起重机起重臂、平衡臂部件的安装和塔式起重机顶升加节作业,在考核时可任选一题;

2. 本考题也可以考核塔式起重机降节作业和塔式起重机起重臂、平衡臂部件拆卸,考核项目和考核评分标准由各地自行拟定。

3. 考核过程中,现场应设置2名以上的考评人员。

2 零部件判废

2.1 考核器具

1. 吊钩、滑轮、钢丝绳和制动器等实物或图示、影像资料(包括达到报废标准和有缺陷的);

2. 其他器具:计时器1个。

2.2 考核方法

从吊钩、滑轮、钢丝绳、制动器等实物或图示、影像资料中随机抽取3件(张),判断其是否达到报废标准并说明原因。

2.3 考核时间:10min。

2.4 考核评分标准

满分15分。在规定时间内能正确判断并说明原因的,每项得5分;判断正确但不能准确说明原因的,每项得3分。

3 紧急情况处置

3.1 考核设备和器具

1. 设置突然断电、液压系统故障、制动失灵等紧急情况或图示、影像资料;

2. 其他器具：计时器 1 个。

3.2 考核方法

由考生对突然断电、液压系统故障、制动失灵等紧急情况或图示、影像资料中所示紧急情况进行描述，并口述处置方法。对每个考生设置一种。

3.3 考核时间：10min。

3.4 考核评分标准

满分 15 分。在规定时间内对存在的问题描述正确并正确叙述处置方法的，得 15 分；对存在的问题描述正确，但未能正确叙述处置方法的，得 7.5 分。

参 考 文 献

[1] 张青，张瑞军. 工程起重机结构与设计 [M]. 北京：化学工业出版社，2008.

[2] 龚赐立，朱森林，刘刚. 塔式起重机整机稳定性浅析 [J]. 建筑机械化. 2008（04）：20-66.

[3] 刘佩衡. 塔式起重机使用手册 [M]. 北京：机械工业出版社，2002.

[4] 范俊祥. 塔式起重机 [M]. 北京：中国建材工业出版社，2004.

[5] 胡宗武，汪西应，汪春生. 起重机设计与实例 [M]. 北京：机械工业出版社，2009.

[6] 中华人民共和国国家标准. 塔式起重机安全规程 GB 5144—2006 [S]. 北京：中国标准出版社，2007.

[7] 中华人民共和国国家标准. 塔式起重机 GB/T 5031—2008 [S]. 北京：中国标准出版社，2009.

[8] 中华人民共和国国家标准. 起重机设规范 GB 3811—2008 [S]. 2009. 6.

[9] 无锡巨神起重机有限公司，QTZ4508 塔式起重机说明书.

[10] 江明，陆念力. 塔式起重机附着策略探讨 [J]. 建筑机械化，2004（8）：60-62.

[11] 朱森林. 塔机实用技术 [M]. 长沙：湖南科学技术出版社，2013.

[12] 王川，杜宏. 塔式起重机非常规附着方案实例 [J]. 建筑机械化，2012（10）：10-12.

[13] 张家伟. 内爬式塔吊吊装及附着技术研究与应用 [D]. 重庆：重庆大学，2013.

[14] 王金诺，于兰峰. 起重运输机金属结构 [M]. 北京：中国铁道出版社，2002.

[15] 孙在鲁. 塔式起重机应用技术 [M]. 北京：中国建材工业出版社，2003.

[16] 塔式起重机安装拆卸工 [M]. 北京：中国建筑工业出版社，2010.

[17] 住房和城乡建设部工程质量安全监管司. 塔式起重机安装拆卸工 [M]. 北京：中国建筑工业出版社.

[18] 喻乐康，孙在鲁，黄时伟. 塔式起重机安全技术 [M]. 北京：中国建材工业出版社.

[19] 吴恩宁. 建筑起重机械安全技术与管理 [M]. 北京：中国建筑工业出版社.

[20] 施炯，赵敬法，张敏. 建筑起重机械管理手册 [M]. 浙江工商大学

出版社.

[21] 严尊湘. 塔式起重机、施工升降机安全使用 100 问 [M]. 北京：中国建筑工业出版社.

[22] 仝茂祥，宋旭峰. 塔式起重机安装拆卸工 [M]. 北京：中国建筑工业出版社.

[23] 中华人民共和国行业标准. 塔式起重机混凝土基础工程技术规程 JGJ/T 187—2009. [S]. 北京：中国建筑工业出版社，2010.

[24] 中华人民共和国行业标准. 建筑施工塔式起重机安装、使用、拆卸安全技术规程. JGJ 196—2010 [S]. 北京：中国建筑工业出版社，2010.

[25] 建筑施工机械设备维护保养技术规程 DGJ32/J166—2014 [S].

[26] 建筑工程施工机械安装质量检验技术规程 DGJ32/J65—2015 [S].

[27] 金伟峰，陈炜. 金茂大厦超高空大型吊装机械拆除工艺 [J]. 上海建设科技. 1999（03）：15-16＋19.

[28] 曲贵阳，赵磊，蔡友刚，向建邦. 超高层建筑内爬式塔式起重机拆除施工综合技术 [J]. 施工技术. 2015（05）：30-31＋116.

[29] 罗映雪. 建设工程塔式起重机事故类型、原因与对策分析 [J]. 现代物业（上旬刊）. 2012（02）：40-41.

[30] 王耀生. 建筑塔式起重机事故原因分析与预防措施 [N]. 广西大学学报. 2007（A2）：75-76.

[31] 长沙中联重工科技发展股份有限公司 QTZ80（TC5610）塔式起重机使用说明书.

[32] 中联重科股份有限公司，QTZ80（TC6012-6）塔式起重机使用说明书.

[33] 中华人民共和国行业标准. 建筑施工升降设备设施检验标准 JGJ 305—2013 [S]. 北京：中国建筑工业出版社，2014.

[34] 深圳市汇川技术股份有限公司，CAN600 起重专用变频器用户手册.

[35] ABB，ACS550-01 变频器用户手册.

[36] 张家港浮山建设机械有限公司，QTZ125G（FS6016）塔式起重机使用说明书.

[37] 长沙中联重工科技发展股份有限公司，QTZ80（TC5610）塔式起重机使用说明书.

[38] 抚顺永茂建筑机械有限公司，STL1460C 塔式起重机使用说明书.